智能化设备检测与计量检测质量管理

武绪仁　张　燕　张素洁　主编

U0321816

汕头大学出版社

图书在版编目（CIP）数据

智能化设备检测与计量检测质量管理 / 武绪仁，张燕，张素洁主编 . -- 汕头 ：汕头大学出版社，2024.5
ISBN 978-7-5658-5301-2

Ⅰ．①智… Ⅱ．①武… ②张… ③张… Ⅲ．①智能装置－检测②智能装置－计量管理－质量管理 Ⅳ．① TP23

中国国家版本馆 CIP 数据核字（2024）第 110150 号

智能化设备检测与计量检测质量管理
ZHINENGHUA SHEBEI JIANCE YU JILIANG JIANCE ZHILIANG GUANLI

主　　编：武绪仁　张　燕　张素洁
责任编辑：黄洁玲
责任技编：黄东生
封面设计：刘梦杏
出版发行：汕头大学出版社
　　　　　广东省汕头市大学路 243 号汕头大学校园内　　邮政编码：515063
电　　话：0754-82904613
印　　刷：廊坊市海涛印刷有限公司
开　　本：710mm×1000mm　1/16
印　　张：10.75
字　　数：180 千字
版　　次：2024 年 5 月第 1 版
印　　次：2024 年 6 月第 1 次印刷
定　　价：58.00 元
ISBN 978-7-5658-5301-2

编委会

主　编　武绪仁　张　燕　张素洁

副主编　杨华松　王　哲　王宏彬

　　　　舒　震　何志文

编　委　高鹏科

Preface 前 言

　　目前，我国正处于从工业大国向工业强国迈进的过程中，现代化的机电设备是工业发展的重要基石。机电设备在整个寿命周期内，电器设备状态检测与寿命评估，是保障其安全稳定运行的重要手段。随着电力设备智能运维逐步成为国内外研究的热点，新的检测技术不断涌现，故障诊断和寿命评估等技术也逐步在电器设备的状态检测中得到了推广和应用。由于各种因素的影响，机电设备总会发生不同程度的故障，如何完成机电设备的故障检测与诊断，使之处于正常状态，从而发挥机电设备的最大效能，对机电设备尤其是大型机电设备而言，具有重要意义。

　　近年来，随着国内市场经济秩序和市场化运作机制的逐步完善，要求计量管理过程更加规范，计量检测过程更加精细。同时，全球高新技术的发展和进步，推动计量检测技术朝着尖端、量子、实时方向快速发展。面对经济形势的发展变化，各利益相关方对计量工作的要求不断提高，国内外计量检定校准市场的开放接轨等新形势，我国的计量法律法规需要加快修改完善，计量管理方式需要不断优化改进，计量技术能力需要不断更新提升，才能有效保证国内计量工作的效率和水平，适应市场经济发展的新要求。

　　计量工作是经济社会发展的重要基础，是生产力的重要组成因素，事关科学发展、质量安全、社会和谐。在生产制造领域中，现代计量在保证产品质量、降低能源消耗、提升自动化水平等方面，发挥着举足轻重的作用。生产工艺调整控制，离不开计量测试；产品质量检验判定，离不开计量测试；原辅料的质量检验、制取筛选，离不开计量测试；先进工艺装备的高效运转，离不开计量测试。开发设计新产品，需要通过计量测试进行评价、验证、确认；科学

1

制定考核指标，加强经济核算，需要应用计量测试数据支撑决策；查找技术和管理缺陷、优化工艺流程，制定和采取改进措施，需要计量测试来支撑验证。在国防科技领域中，物理学的许多重要发现，技术创新的诸多成果，先进技术标准的制定，国防尖端技术的突破，都是在计量测试获得大量数据的基础上取得的。在日常生活、社会管理、公共服务等其他领域中，都离不开计量检测的有力支撑。

　　本书围绕"智能化设备检测与计量检测质量管理"这一主题，以智能高压设备仿真与检测为切入点，由浅入深地阐述电力设备检测试验，并系统地分析了测量管理体系标准的理解与实施、计量检测的质量管理，诠释了设备的智能化检测技术等内容，以期为读者理解与践行智能化设备检测与计量检测质量管理提供有价值的参考和借鉴。本书内容翔实、条理清晰、逻辑合理，兼具理论性与实践性，适用于从事相关工作与研究的专业人员。

　　由于水平所限，书中错误与不妥之处在所难免，还望各位读者批评指正，更希望各位同行不吝赐教。

Contents

目　录

第一章　智能高压设备仿真与检测

第一节　仿真与检测概述

智能高压设备的试验包括三个部分：高压设备本体试验、智能组件及智能电子设备（Intelligent Electronic Device，IED）试验以及智能高压设备整体联调。关于高压设备本体试验，经过几十年的发展和实践，已形成了通用的试验标准，试验检测技术已经很成熟，这里不再赘述。

对智能组件及IED进行试验的主要目的是检验、测试智能组件及IED的功能、性能、互操作性及可靠性等。与常规高压设备试验不同，智能组件及IED试验需要一种测试环境，模拟高压设备各种典型工况及常见异常，以便检验各相关IED的功能和性能。所述测试环境是对高压设备主要工况的一种仿真，即通过电气、机械等方法，建立一种能够真实反映高压设备状态的传感器工作环境，且被传感量的变化范围或规律符合高压设备实际情况。通常来说，针对不同的传感器有不同的仿真装置，其在外形上可以与高压设备完全不同，但对传感器而言，其所面对的传感环境是相同或相近的。基于仿真装置进行相关IED的功能和性能试验，可以不依赖于高压设备本体（运输困难、成本昂贵），更重要的是，能够建立高压设备本体很难实现的检测环境，从而提升了IED的检测效率和质量。

智能高压设备的整体联调主要在变电站现场安装完毕后进行，此时高压设备本体与智能组件为一个有机整体，通过整体联调，以检验一二次之间的协调性、可靠性和信息流的规范性。

第二节　常用监测IED性能检测

一、油中溶解气体监测IED的检测

（一）测试平台

油中溶解气体监测IED的测试平台主体为一个模拟油箱，用于模拟变压器主油箱。模拟油箱提供标准接口，与油中溶解气体监测IED连接，并有取样接口。取样接口用于离线分析。配套的设备包括实验室色谱仪、油再生处理设备、标准气体及配置工器具。模拟油箱体积不宜太大，体积也不宜太小，以达到减少试验耗损及稳定测量环境的平衡，一般为50 L左右。试验包括监测数据准确性试验、评估功能检测等。

（二）监测数据的准确性检测

实验前，油中溶解气体监测IED通过标准接口与模拟油箱连接。与实际变压器不同，模拟油箱中的油中溶解气体不是由放电或过热产生，而是通过在油中注入标准气体实现。具体方法：首先，在洁净、干燥的模拟油箱中注入新油（或经再生处理的油），根据试验需要的气体组分及含量要求，在油中注入已知量的各气体组分。其次，静置足够时间，直至油中溶解气体平衡。最后，开始检测，读取油中溶解气体监测IED的数据，同时，从取样接口提取油样，由实验室气相色谱仪同步检测。若前几次数据不稳定，可以舍弃，直至稳定并记录连续5次数据，若油中溶解气体监测IED的数据与实验室色谱仪的结果在许可的偏差范围，即认定这一组分及含量下的准确性符合要求。本项试验应进行多组，涵盖油中溶解气体监测IED的监测范围。

（三）评估功能检测

分析功能的检测是试验的重要项目之一。油中溶解气体监测IED应具备对监测数据的分析功能。分析功能包括两个方面，一是故障模式分析，二是运行可靠性分析。前者要求IED根据油中溶解气体组分含量及比例，对故障模式做出评估，评估结果应符合相关标准或被用户认可；后者要求IED基于气体组分含量、比例及变化态势，对运行可靠性做出评估。由于可靠性评估目前没有标准可依，因此，检验评估结果的可信度宜采用与专家一致性的方法。

在进行评估功能检测时，为了规范检测标准，宜采用输入而不是采集数据的方式，即通过调试与检测端口将用于检测的数据直接发送至油中溶解气体监测IED，IED则基于接收到的数据（而非采集到的）对故障模式、运行可靠性做出评估。由于是输入数据，可以事先建立好各组分含量、比例及变化态势的检测专用数据库，检查时随机抽取。其中，故障模式分析要求每一组数据检验一次，运行可靠性分析涉及发展态势，应连续输入若干组有实际意义的数据再检验其分析结果。

二、绕组温度监测IED的检测

（一）测试平台

测试平台由测试主机、数字合并单元、恒温水（油）槽及待检绕组温度监测IED等组成。在试验过程中，在恒温水槽中注入水或者变压器油，其温度可在环境温度至150℃范围内任意调节，模拟变压器绝缘热点温度，由测试主机控制，控制精度宜优于±0.5℃。数字合并单元输出电压、电流值，由测试主机根据测试需要控制。测试主机通过网络发送顶层油温、环境温度等信息。在测试过程中，待检绕组温度监测IED从恒温水（油）槽采集温度值，同时通过网络，接收顶层油温、环境温度、负载电流等，以供分析评估。

（二）监测数据的准确性检测

在检测时，将光纤温度传感器与标准温度传感器（通常为高精度铂电阻温度传感器）配对，放置在恒温水槽的同一测点。调节恒温水槽使其温度保持在预定值，待温度稳定后读取绕组温度监测IED各传感器的测量值，并与配对的标准温度传感器的测量结果进行比对，若偏差在许可范围，可以判定绕组温度监测IED在这一温度点下的监测结果符合准确性要求。这一试验应进行多组，以保证在光纤温度传感器规定的测量范围均符合准确性要求。

（三）评估功能检测

绕组温度监测IED应具有负载能力的实时评估功能，即根据当前负载水平、绕组温度及其变化态势对绝缘安全状态做出评估，进而对运行可靠性做出估计。在测试时，由测试主机控制绕组温度、负载电流、顶层油温及环境温度量值及其变化态势，注意应符合工程实际，如基于来自温升试验的数据等。绕组温度监测IED应能正确进行温度预警、告警，在急救负载时，能预测可承担的最大负载水平和当前负载水平下可安全运行的时间，以支持主动控制。

三、局部放电监测IED的检测

（一）测试平台

局部放电的测试平台因适用的高压设备不同而不同。下面以GIS（Geographic Information System）为例，对测试平台及检测方法予以说明。GIS局部放电检测环境仿真平台，基于252 kV真型GIS为基础搭建，包括母线气室、断路器气室、隔离开关及接地开关气室、电流互感器及电压互感器气室等。在不设置缺陷的状态下，测试平台在允许的最高试验电压下局部放电应小于5 pC。与实际的GIS不同，测试平台设计了专门的把口，用于人工设置典型放电型缺陷。通常来说，模拟缺陷宜标准化，包括缺陷模式和放电量水平，以保证试验的可复现性。通过设置不同缺陷及调整试验电压，使局部放电量大致在10～1000 pC可调。测试平台配置有4个局部放电传感器接口，用以接入被试传感器。

为了模拟变电站现场干扰，测试平台增设了一个标准干扰源，标准干扰源可产生较为稳定的空气放电，检测时并入测试平台。

（二）监测数据的有效性试验

在试验前，根据需要，在缺陷设置点设置好模拟缺陷，将被试传感器通过标准接口接入，将各气室充气至额定压力，局部放电监测IED处于工作状态，同时，应用脉冲电流法同步测量。试验第一步：电压从零开始逐步升高，直至局部放电监测IED采集到明确的局部放电信号，维持该试验电压，局部放电基本稳定之后，分别记录脉冲电流法和局部放电监测IED的测量值及试验电压值；继续升高试验电压，直至到仿真平台允许值，或达到局部放电监测IED测量上限，其间，选择若干试验电压，按照局部放电的测量程序，同时记录脉冲电流法和局部放电监测IED的测量值，形成局部放电测量值–试验电压关系曲线，要求局部放电监测IED与脉冲电流法的呈现基本一致，且最小测量值及测量范围符合要求。试验第二步：将模拟变电站电晕放电的标准干扰源并入试验回路，试验电压从零起，逐点升至与第一步大致相同的试验电压值，记录局部放电监测IED的测量值，形成新的局部放电测量值–试验电压关系曲线，要求第一步与第二步所得曲线基本一致。

（三）评估功能检测

如果局部放电监测IED配置了放电模式识别功能，应设置常见典型放电性缺陷，在局部放电量达到预警水平时，在标准干扰源并入试验回路的条件下，由局部放电监测IED进行辨识，正确率应符合要求。

局部放电监测IED应根据测量值及其变化态势，对绝缘发生击穿事故的风险进行评估，进而对运行可靠性做出评估。为进行此项评估，需设置若干典型场景，包括放电量、增长态势等，并由多名专家做出评估，相同场景输入局部放电监测IED，比较与专家评估结果的一致性。

四、高压套管监测IED的检测

（一）测试平台

高压套管的状态量为电容值及介质损耗因数。由二端口阻容网络仿真，此二端口阻容网络宜选择精度高、稳定性好、温度系数小的电阻和电容组成，其中，电容的介质损耗因数应小于1×10^{-4}。二端口网络的等值电容量及等值介质损耗因数可以根据试验需要进行调节。由于监测同时需要电压信息，为此，在二端口网络上并联了电阻分压支路，并将分压值输入合并单元，合并单元的输出作为电压信息，以保证与变电站的应用场景一致。二端口网络参数均用高精度电桥进行标定。

（二）监测数据的准确性检测

在检测前，应调节电容网络参数或交流电源电压，使流经阻容网络的电流与实际工程流经高压套管末屏接地线的电流相近；调整分压器的变比，使二次输出电压在合并单元的有效测量范围，合并单元宜选择实际工程的主流产品，并允许待检高压套管监测IED扣除这一时延。在检测时，在二端口网络施加交流电源，频率、电压应符合试验要求。在检测过程中，按设定好的参数调节方案改变二端口网络的等值介质损耗因数，适时读取待检高压套管监测IED测量的电容量和介质损耗因数，并与标定的标准值进行比较，若偏差在许可范围，则可认为在这一测点高压套管监测IED符合要求。

对于采用相对测量法的情形，相应的仿真平台应配置标准三相交流电源和三个二端口网络，三个二端口网络同时接入高压套管监测IED，此时，不需要电阻分压支路及合并单元。改变三个二端口网络的等值介质损耗因数，使彼此形成差异，以检验高压套管监测IED测量的相对介质损耗值是否与标定的标准值一致。

（三）评估功能检测

高压套管监测IED应根据介质损耗因数及电容量的量值及变化态势，对高压套管的绝缘状态做出预测，进而对运行可靠性做出评估。

五、气体状态监测IED的检测

（一）测试平台

为了方便检测，可以针对气体压力、温度和水分分别进行检测，由于对气体状态IED的压力和温度传感的准确度检测相对简单，这里只介绍微水准确度的检测。在测试平台中，采用了一个 SF_6 气体微水检测专用气室，还包括压缩机、尘过滤器、干燥过滤器、压力表、减压阀等各阀门等部件。气体水分由人工定量注入，以实现气体水分在50~1000μL/L粗调。专用气室内可以配置一台微型风扇，以加速气体和水分的平衡。

（二）监测数据的准确性检测

在检测时，在专用气室内充入符合GIS实际工作气压的SF6气体，根据检测的目标值，通过计算，从注水口注入定量的水，开启微型风扇，使气体循环一定时间后，或待检的气体状态监测IED及标准的微水测量系统的测量值稳定之后，进行量值对比，从而判定微水测量IED及传感器的准确度。

（三）评估功能检测

气体状态监测IED应根据气体压力、温度、水分的当前量值及变化态势，对气室的绝缘状态做出预测，进而对运行可靠性做出评估。

六、机械状态监测IED的检测

（一）测试平台

涉及机械状态的监测量比较多，这里主要介绍分（合）闸线圈电流波形及行程特性曲线的测试平台及测试方法。

分（合）闸x线圈电流波形的测试平台包括测试主机、模拟信号发生器和待检机械状态监测IED组成。其中，测试主机控制模拟信号发生器输出，其输出可以仿真实际分（合）闸线圈电流的波形；模拟信号发生器受测试主机的控制，按照测试主机的模型库文件输出模拟电流信号，为小电流传感器提供测试环境。

行程特性曲线的测试平台包括测试主机、伺服驱动控制器、高速伺服电机和待检机械状态监测IED组成。其中，测试主机通过伺服驱动控制器控制电机旋转，电机转轴的旋转规律与实际高压开关转轴的旋转规律相一致，为行程特性曲线（位移）传感器提供检测环境。

（二）监测数据的准确性检测

在检测分（合）闸线圈电流波形之前，应先从波形数据库中提取与待检传感器应用场景一致的波形文件，若库中没有，应先从实际高压开关上录取，并存储在波形数据库中。在测试时，由测试主机按照提取的波形文件，控制模拟信号发生器输出电流波形信号，由待检传感器与机械状态监测IED采集，要求采集的电流波形文件与输出的电流波形文件一致，主要特征参数的测量误差均在许可范围之内。

类似地，在检测行程特性曲线之前，应先从行程特性曲线库中提取与待检传感器应用场景一致的库文件，若库中没有，应先从实际高压开关上录取，并存储在库中。在测试时，由测试主机按照提取的库文件，控制伺服驱动控制器，驱动高速伺服电机，待检传感器与标准传感器并列安装在转轴上，其中，待检传感器的输出由机械状态监测IED采集，标准传感器的输出由测试主机采集，要求两者一致，主要特征参数（包括行程、速度、时间）的测量误差在许可范围之内。

（三）评估功能检测

机械状态监测IED应根据当前记录的分（合）闸线圈电流波形、行程特性曲线等与原始指纹数据的比对情况及变化态势，对高压开关的机械状态做出预测，进而对控制可靠性做出评估。

七、触头温升监测IED的检测

（一）测试平台

由于SF_6气体导热系数、红外吸收特性和空气不同，因此，空气中的温度标定结果和SF6气体中的温度标定结果会存在一定的差异。为此，需要建立一套模拟GIS隔离开关触头温升的测试平台，用于温度标定。

（二）监测数据的准确性检测

数据准确性检测只需在某一相上进行。测试前，允许针对测试平台进行必要的校准。测试从环境温度开始，逐渐提升温度，直至达到最大测量值。其间，记录若干温度测量值，每一个温度测点都应确保足够的平衡时间，以保证测量数据的稳定性。标准温度计和待检IED同步测量，各个测点之间的温度偏差都应在许可范围之内。

（三）评估功能检测

待检IED（通常为机械状态监测IED功能的一部分）应根据当前记录的触头温升、（A、B、C）三相温差等、温度变化态势及负载电流、环境温度等，对高压开关的电接触状态进行分析，进而对运行可靠性做出评估。

第三节 常用监测IED功能检测

一、冷却装置控制IED功能检测

（一）测试平台

冷却装置控制IED测试平台由测试主机、数字合并单元、模拟信号发生器、冷却装置电控箱模拟器（以下简称电控箱模拟器）、交换机和待检测冷却装置控制IED等组成。

1.测试主机

测试主机为测试控制中心，具有以下功能。

（1）根据测试需要，模拟电压互感器和电流互感器，输出电压、电流数字信号至数字合并单元。

（2）根据测试需要，通过网络控制模拟信号发生器输出冷却装置进口和出口油温度、风机电流、油泵电流等信号。

（3）通过专用网络，监控电控箱模拟器的受控状态，模拟发出风机/油泵跳闸、油流继电器告警、冷却装置全停告警等信号。

（4）模拟主IED及绕组温度监测IED（如要求）通过网络报送顶层油温、绕组热点温度等。

2.数字合并单元及模拟信号发生器其数字合并单元的功能是接收测试主机发送的电压、电流数字信号，按标准合并单元的输出格式，向交换机发送电压、电流采样值。模拟信号发生器通过网络接受测试主机控制，模拟冷却装置状态量采集传感器的输出，包括冷却装置进口和出口油温度、风机电流、油泵电流等，若风机或油泵采用变频控制，模拟信号发生器还应输出包括风机油泵电源频率的给定信号。这些信号全部输入待检冷却装置控制IED。

3.电控箱模拟器

电控箱模拟器通过继电器接点模拟油泵及风机的起、停，用小阻抗负载模拟变频运行的油泵和风机。风机和油泵根据检测可任意组合，组合既可以通过测试主机的专用程序实现，也可以直接在电控箱模拟器端实现。电控箱模拟器直接接受待检冷却装置控制IED的控制指令，包括启动、停止或变频运行等。电控箱模拟器可接受测试主机的控制，向待检冷却装置控制IED发送风机跳闸、油泵跳闸、油流继电器报警、冷却装置全停等告警信号。

（二）功能检测

1.测试准备

根据待检冷却装置控制IED的监测功能，配置模拟信号发生器，使其输出与对应状态量的传感器输出一致；配置电控箱模拟器，使其风机、油泵组合及受控方式与待检冷却装置控制IED的控制功能一致；根据应用场景，设置测试主机，按测试要求输出油温及绕组温度；控制合并单元输出电压、电流；控制电控箱模拟器，可按测试要求输出风机、油泵相关运行状态信息。

2.监测功能检测

若待检冷却装置控制IED具有监测功能，应首先进行准确性测试。通常来说，由冷却装置控制IED直采的信号量有风机及油泵电流、冷却装置进出口温度等，油面温度和环境温度既可以选择直采，也可以选择共享IED的采样值。有关电流量监测的准确性，可以采用电流信号发生器进行标定，电流信号发生器的输出在波形特征和频带宽度方面应接近实际。对温度量监测的准确性标定，可参考绕组温度监测IED的检测方法进行。

3.控制功能检测

控制功能检测的目的是确定待检冷却装置控制IED是否完全按控制策略进行控制。控制策略可以来自相关标准，或由送检方提供。测试主机根据控制策略，选择输出油面温度、环境温度、绕组温度、负载电流等，观测模拟电控箱的输出，应符合其控制策略。

4.告警功能检测

告警功能检测的目的是确定在冷却控制系统出现异常后，待检冷却装置控制IED是否能够实现对冷却装置进行切换、起停控制。测试主机发送风机跳闸、油泵跳闸、油流继电器报警、冷却装置全停等开关量信号，观测模拟电控箱的输出，应符合异常条件下的冷却装置的控制功能。

二、有载分接开关控制IED功能检测

（一）测试平台

有载分接开关控制IED的测试平台由测试主机、数字合并单元、有载分接开关模拟器（以下简称OLTC模拟器）模拟信号发生器、交换机及待检的有载分接开关控制IED等组成。测试主机为测试控制中心，具有以下功能。

1.根据测试需要

模拟电压互感器和电流互感器，输出电压、电流数字信号至数字合并单元。

2.根据测试需要

通过点对点或网络通信方式，向OLTC模拟器发送状态令，如下所述。

（1）就地、远方操作状态。

（2）分接开关总挡位数。

（3）当前分接位置。

（4）已至最高挡位。

（5）已至最低挡位。

（6）运行周期不完整，开关切换不到位。

（7）紧急停止。接收到急停指令时，OLTC操作中止。

（8）操动机构拒动。当OLTC IED调压脉冲发出后，超出预设时间，挡位未改变。

（9）滤油机运行状态。运行，退出。

（10）滤油机跳闸。滤油机保护动作。

（11）操动机构电源故障。为OLTC机构内电源回路保护继电器动作，跳开电机保护开关，发出信号至OLTC IED。

（12）驱动电机过流闭锁。当OLTC机构内电机回路过流时，电机保护开关跳开，发出接点信号至OLTC IED。

3.通过交换机

与待检的OLTC IED组成并列模式，作为主机或从机工作。

数字合并单元，其功能是接收测试主机发送的电压、电流数字信号，按标准合并单元的输出格式，向交换机发送电压、电流采样值。模拟信号发生器用于模拟有载分接开关状态量采集传感器的输出，包括油温、驱动电机电流、振动等。OLTC模拟器可模拟有载分接开关，接收OLTC IED（待检IED）的控制指令，反馈受控状态。

（二）功能测试

1.测试准备

将待检OLTC IED按工程实际接入测试平台，包括与OLTC模拟器的连接及与交换机的连接，若配置状态监测功能，同时还需与模拟信号发生器连接。

确定待检OLTC IED的基本参数，包括：

（1）过压保护、欠压保护的电压值；过流保护的电流值。设定测试主机，使其输出的电压、电流值涵盖保护动作范围，以检测待检OLTC IED的保护功能。

（2）配置OLTC模拟器，默认的分接挡位是10，总挡位数是19。总挡位数可以根据测试需要在99以内任意设置。

（3）配置模拟信号发生器，使其输出与待检OLTC IED的输入匹配。连接并设置完成后，确认整个测试平台的工作状态完好。

2.基本功能检测

（1）由测试主机向待检OLTC IED发出升一挡指令，要求待检OLTC IED向OLTC模拟器发出升一挡控制命令，并反馈控制完成的信号和当前挡位。

（2）由测试主机向待检OLTC IED发出降一挡指令，要求待检OLTC IED向OLTC模拟器发出降一挡控制命令，并反馈控制完成的信号和当前挡位。

（3）由测试主机向待检OLTC IED发出到某一指定挡位的指令，要求待检OLTC IED向OLTC模拟器发出正确控制命令，并反馈控制完成的信号和当前挡位，当前挡位应符合目标要求。

（4）由测试主机发送升挡位命令，一直到最高挡位；然后发送降挡位命令，一直降到最低挡位，要求OLTC IED能向OLTC模拟器正确输出控制指令，并能正确报告已到最高挡位、已到最低挡位。

（5）由测试主机发送紧急停止命令，待检OLTC IED应正确响应，并中止OLTC模拟器的挡位变更过程。

3.保护功能检测

（1）逐渐降低测试主机向数字合并单元输出的电压值，同时，向待检OLTCIED发送升一挡或降一挡的指令，当电压值低于欠压保护值时，待检OLTC IED应拒绝执行挡位变更命令，并返回欠压保护动作信号，保护动作值应在许可误差范围内。

（2）逐渐升高测试主机向数字合并单元输出的电压值，同时，向待检OLTCIED发送升一挡或降一挡的指令，当电压值高于过压保护值时，待检OLTC IED应拒绝执行挡位变更命令，并返回过压保护动作信号，保护动作值应在许可误差范围内。

（3）逐渐升高测试主机向数字合并单元输出的电流值，同时，向待检OLTC IED发送升一挡或降一挡的指令，当电流值高于过流保护值时，待检OLTC IED应拒绝执行挡位变更命令，并返回过流保护动作信号，保护动作值应在许可误差范围内。

（4）若配置了油黏稠度保护，且以油温作为控制量，通过测试主机控制模拟信号发生器，逐渐降低油温输出值，同时，向待检OLTC IED发送升一挡或降一挡的指令，当油温低于保护值时，待检OLTC IED应拒绝执行挡位变更命令，并返回油黏稠度保护动作信号，保护动作值应在许可误差范围内。

4.监测功能检测

由测试主机向OLTC模拟器依次发出以下指令。

（1）运行周期不完整，开关切换不到位。

（2）操动机构拒动、滤油机跳闸、操动机构电源故障等事件，待检OLTC IED应能正确反馈。

5.并列运行检测

（1）从机模式。将待检OLTC IED设置为从机，测试主机兼做主机，要求：①检查从机，要求所有其他控制全部闭锁，只接受主机的控制；②接收主机控制，一同升、一同降，并正确向主机报送跟随控制完成信号和当前挡位；③模拟主机控制失败，从机接收到主机故障信息，保持当前挡位；④模拟从机控制失败，由测试主机控制OLTC模拟器产生拒动信号，从机控制失败，并向主机做出报告。

（2）主机模式。将待检OLTC IED设置为主机，测试主机兼做从机，要求：①控制从机，一同升、一同降，并正确接收从机跟随控制完成信号和当前挡位；②模拟主机控制失败，由测试主机控制OLTC模拟器产生拒动信号，主机应保持在本次控制之前挡位，并向从机发出主机故障信息；③模拟从机控制失败，由测试主机向待检OLTC IED报送控制失败信号，主机保持当前挡位，不再接受站控层设备的控制，并报告并列控制故障。

三、开关设备控制器功能检测

（一）测试平台

通常在专用测试平台上进行检测。测试平台包括测试主机、开关模拟单元、模拟信号发生器、合并单元等组成。

（1）测试主机为测试平台的核心，具有：①对开关模拟单元初始化；②接收待检开关设备控制器报文；③模拟测控装置发送控制指令；④模拟继电保护装置发送跳闸指令；⑤记录待检开关设备控制器的GOOSE报文，调阅开关模拟单元录波文件等。

（2）开关模拟单元是一个专门设计的开关模拟装置。

①模拟开关分合、拒分拒合、分合时延【模拟分（合）闸时间】；②可模拟指示分合状态的辅助开关硬接点输出；③根据测试需要，开关模拟单元可组成单母线出线间隔、双母线出线间隔等；④可接入三相交流电，通过模拟开关的分合，控制其通断，并具有录波能力；⑤支持通过网络接收并执行分合、保护跳闸等控制指令，反馈指令完成状态。

（3）模拟信号发生器可模拟分（合）闸线圈电压传感器、气体密度传感器及机构箱温度传感器的输出信号。

（二）功能测试

1.测试前准备

开始检测前，首先应根据待检开关设备控制器的应用场景，设置开关模拟单元，形成一个完整的开关间隔，然后将待检开关设备控制器，包括控制各模拟开关的信号线缆、反映各开关分合状态的信号线缆，并接入交换机。然后，通过测试主机对开关模拟单元进行初始化，包括各开关初始的分合状态、各开关的分合时延等。各开关分合时延及预定的分（合）闸相位（具有选相位控制功能时）整个开关间隔的连锁逻辑及时序参数应输入待检开关设备控制器。

2.基本分合功能测试

由测试主机通过交换机发出分、合指令，待检开关设备控制器应能接收，及时正确向开关模拟单元发送分（合）闸信号，并向测试主机反馈开关模拟单元受控之后的分合状态。由测试主机通过交换机对开关模拟单元设置拒动故障，即分（合）闸信号发出之后，分合状态保持不变，待检开关设备控制器应能感知，并报送至测控装置（测试主机）。要求对所有开关逐一测试。

3.智能连锁测试

首先，测试主机向待检开关设备控制器发送符合连锁逻辑的分合指令，待检开关设备控制器应正确执行；然后，发送违反连锁逻辑的分合指令，待检开关设备控制器应拒绝执行，并向测试主机告警。

4.顺序控制测试

由测试主机通过交换机发出分、合指令，待检开关设备控制器应能接收，及时正确向开关模拟单元发送分（合）闸信号，要求整个开关间隔的所有开关按照连锁逻辑及时序要求，完成分合操作的全过程。设置开关模拟单元，逐一让其中一个开关出现拒分或拒合，要求顺序控制终止于发生拒动故障的那个开关。

5.选相位控制测试

待检开关设备控制器采集由模拟信号发生器模拟输出的分（合）闸线圈电压及机构箱温度，采集合并单元输出的三相交流电压/电流，按要求完成预定相位的分（合）闸控制。分（合）闸时延应根据合闸线圈电压、气体密度及机构箱温度进行修正，修正可以采用相关标准推荐的方法，也可以采用企业自己的方法。在检测时，测试主机对开关延时的修正方法应与待检开关控制器采用的方法一致。测试主机通过调取查看开关控制器录波，判断对要求实际分合相位与期望值之间的偏差符合设计要求。

由测试主机模拟继电保护装置发出跳闸命令，待检开关设备控制器自动应屏蔽选相位控制功能，以保证保护的速动性。

第四节　通信功能检测

一、一致性测试

（一）一致性测试内容及要求

智能组件内各IED的一致性测试是验证IED通信接口与标准要求的一致性，验证串行链路上数据流与有关标准条件的一致性，如访问组织、帧格式、位顺序、时间同步、定时、信号形式和电平，以及对错误的处理。作为一个全球的通信标准，IEC 61850系列标准包含一致性测试部分，用于确保各制造企业生产的所有的IED产品都严格遵循本标准。通常情况下，一致性测试内容至少应包括以下内容。

（1）文件和设备控制版本的检查；

（2）按照标准的句法（Schema模式）进行设备配置文件的测试；

（3）按照设备有关的对象模型进行设备配置文件的在线测试；

（4）根据标准检验IED的各种模型的正确性；

（5）按照ACSI进行ACSI服务的测试；

（6）按照DL/T860标准给出的一般规则，进行设备特定扩展的测试。

（二）校验测试技术和系统建立

智能组件内各IED的一致性测试方法及过程大致如下：

（1）由制造企业提供待检IED模型一致性说明文档、协议一致性说明文档、协议补充信息说明文档、IED设备的ICD文件以及其他说明书和手册。

（2）构建一致性测试环境或系统。在通信测试框架中，具备客户端模拟器、服务器模拟器、发布者模拟器、订阅者模拟器。测试时采用模拟通信一方测试另一方的方式。在测试系统中，配置了监视分析器记录整个通信过程，用于报文的正确性和有效性，同时作为监测通信异常时的故障分析手段。模拟时间主站用来实现时间服务功能。为实现被测装置和模拟器的通信，还需要具备通信配置工具，用于完成通信测试用SCD文件的配置。

（3）静态测试。静态测试主要内容包括按照Schema对被测IED设备的ICD文件进行正确性检查，并检查IED的各种模型是否符合标准的规定。

（4）测试结果评价。针对静态测试内容和每一个动态测试用例给出测试结果，结果分为"通过""失败""未测试"三种。

二、互操作性检测

（一）互操作性检测内容及要求

实现各制造企业IED的互操作性是IEC 61850标准的主要目的之一。

由于通过了一致性测试的协议在实现时并不能保证百分之百的可靠，但是它可以在一定程度上保证该实现是与协议标准相一致的，从而大大提高了协议实现之间能够互操作的概率。相对于其他类型的测试，一致性测试具有测试结果比较可靠、测试代价小等特点。一致性测试是互操作性测试的基础，从一致性陈述可以大致知道该设备的互操作能力，需要进一步评价，则必须进行相应的互操作性测试。

（二）互操作性检测技术及方法

智能组件各IED互操作性试验通常在仿真环境下进行。仿真环境包括各IED测试平台、站控层模拟系统、网络报文分析工具。该仿真环境为各待检IED提供了监测与控制的模拟对象，使其处于与真实环境类似的工作环境。互操作性测试主要测试各待检IED相互之间及与站控层设备间的交互通信能力。

在测试时，各IED按工程实际组网，各IED及其测试平台处于工作状态，彼此之间进行交互通信，同时各类报文进入网络报文分析工具。网络报文分析工具通过在一定时间内对网络通信进行全面监视和记录，对通信运行状况进行实时监测，并在事后对通信过程进行全面分析，评估各IED的通信工作状态。网络报文分析工具记录的报文信息应包含网络层信息和应用层信息两个部分。

第五节　可靠性检测

在智能变电站中，智能组件各IED通常安装变压器主体或开关本体附近的智能汇控柜中。传感器及智能组件各IED往往需要承受现场电磁干扰、高低温、湿热、振动等环境因素的影响。智能组件各IED的应具备极高的可靠性，能够满足绝缘性能、环境适应性、电磁兼容性、机械性能、外壳防护性的要求。因此，智能组件各IED可靠性检测也主要分为绝缘性能试验、环境试验、电磁兼容、机械性能方面考虑。

一、绝缘性能试验

（一）绝缘电阻试验

在正常大气条件下，智能组件各IED的独立电路及输入输出线缆与外壳（接地）部分之间，以及独立电路或线缆之间，绝缘电阻的要求要符合正常大气条件下的要求。

温度（40±2）℃，相对湿度（93±3）%恒定湿热条件下，智能组件各IED独立电路及输入输出线缆与外壳（接地）部分之间，以及独立电路或线缆之间，绝缘电阻的要求要符合恒定湿热条件下绝缘电阻的要求。

（二）介质强度

在正常大气条件下，智能组件各IED独立电路及输入输出线缆与外壳（接地）部分之间，以及独立电路或线缆之间，应能承受频率为50 Hz，持续时间为1 min的工频耐压试验而无击穿闪络及元件损坏现象。

（3）冲击电压。在正常大气条件下，智能组件各独立电路与外露的可导电部分之间，以及各独立电路之间，应能承受1.2/50 μs的标准雷电波的短时冲击电压试验。当额定工作电压大于60 V时，开路试验电压为5 kV；当额定工作电压不大于60 V时，开路试验电压为1 kV。试验后设备应无绝缘损坏和器件损坏。

二、环境影响试验

环境条件影响试验的主要检验智能组件各IED在高低温、高湿度、沙尘和雨水等环境条件下能否正常工作及设备受影响的程度。环境条件影响试验的试验等级与智能组件各IED实际工况确定密切相关。在智能变电站现场中，智能组件各IED通常安装在专门的户外柜中，具备良好的温度和湿度调节、防水和防尘性能。所以，智能组件各IED的环境条件影响试验应结合柜内条件合理选择。对于直接暴露在户外的智能组件各IED或者传感器，则考虑极端环境条件选择试验严酷等级。在环境条件影响试验期间，被检测智能组件各IED应处于通电状态，通信应正常，不应发生器件损坏，不应出现误动作。

三、电磁兼容试验

智能组件各IED多数运行在十分临近高压设备的位置，特别是其所属传感器甚至嵌入高压设备本体。因此，智能组件各IED及其所属传感器可能直接经受极为严酷的电磁应力。鉴于智能组件各IED工况的特殊性，原则上尽可能提高抗电磁干扰等级，是否需要进行开放等级的试验或特殊试验（如地电位升高试验）可视情况确定。

四、机械性能试验

智能组件各IED在运输、安装，甚至在运行过程中（如受断路器操作影响）会经受振动、冲击或者碰撞等物理应力。对智能组件各IED而言，机械性能试验是一项综合检验内容，其中涉及电子电路元件机械性能、传感器机械性能和整体结构设计等方面。目前，采用电子设备类通用的机械性能检验试验技术可以满足智能组件各IED的需求。机械性能检验试验技术标准和要求参照GB/T 2423相关标准。试验系统建立主要依托三向振动平台、垂直冲击平台等试验设备即可实现。

第二章　电力设备检测试验

第一节　绝缘电阻测量

测量绝缘电阻用兆欧表（也称绝缘电阻表，俗称摇表）进行测量。根据测得的试品在1 min内的绝缘电阻的大小，可以检测出绝缘是否有贯通的集中性缺陷、整体受潮或贯通性受潮。

测量电气设备的绝缘电阻是绝缘试验中最基本、最简便的方法。使用一台兆欧表就可以进行。兆欧表输出的是直流电压。而测量绝缘电阻、吸收比、极化指数的区别是在时间读数上。

一、绝缘电阻测量原理

在直流电压的作用下，绝缘中将通过电流，其变化是开始瞬间通过一个很高的电流，并很快地下降，然后缓慢地减少到接近恒定值为止。总的电流组成如下所述。

（1）泄漏电流。泄漏电流包括表面泄漏和容积泄漏电流。这是绝缘中带电质点在电场力的作用下发生移动而形成的。电流增加，绝缘的电阻就减少。泄漏电流基本上和时间无关。

（2）电容电流。电容电流是由快速极化（电子、离子极化）而形成的，是时间的函数，随时间的增大而快速地减小，直至零。

（3）吸收电流。吸收电流是由缓慢极化而形成的（自由离子的移动），也是时间的函数，随时间的增长而缓慢地减小，吸收电流和被试设备的受潮情况有关。

二、测试绝缘电阻的规定

（一）测试规定

测试绝缘电阻有以下规定。

（1）试验前应拆除被试设备电源及一切对外连线，并将被试物短接后接地放电1 min，电容量较大的应至少放电2 min，以免触电。

（2）校验兆欧表是否指零或无穷大。

（3）用干燥清洁的柔软布擦去被试物的表面污垢，必要时可先用汽油洗净套管的表面积垢，以消除表面的影响。

（4）接好线，如用手摇式兆欧表时，应以恒定转速（120 r/min）转动摇柄，兆欧表指针逐渐上升，待1 min后读取其绝缘电阻值。

（5）在测量吸收比时，为了在开始计算时间时就能在被试物上加上全部试验电压，应在兆欧表达到额定转速时再将表笔接于被试物，同时计算时间，分别读取15 s和60 s的读数。

（6）在试验完毕或重复进行试验时，必须将被试物短接后对地充分放电。这样除可保证安全外，还可提高测试的准确性。

（7）记录被试设备的铭牌、规范、所在位置及气象条件等。

（二）测试时注意事项

在测试时，需要注意以下事项。

（1）对于同杆双回架空线或双母线，当一路带电时，不得测量另一回路的绝缘电阻，以防感应高压损坏仪表和危及人身安全。对平行线路，也同样要注意感应电压，一般不应测其绝缘电阻。在必须测量时，要采取必要措施才能进行，如用绝缘棒接线等。

（2）测量大容量电机和长电缆的绝缘电阻时，充电电流很大，因而兆欧表开始指示数很小，但这并不表示被试设备绝缘不良，必须经过较长时间，才能得到正确结果。并要防止被试设备对兆欧表反充电损坏兆欧表。

（3）如所测绝缘电阻过低，应进行分解试验，找出绝缘电阻最低的部分。

（4）一般应在干燥、晴天、环境温度不低于5 ℃时进行测量。在阴雨潮湿的天气及环境湿度太大时，不应进行测量。

（5）测量绝缘的吸收比时，应避免记录时间带来的误差。

（6）屏蔽环装设位置。为了避免表面泄漏电流的影响，测量时应在绝缘表面加等电位屏蔽环，且应靠近E端子装设。

（7）兆欧表的L和E端子接线不能对调。用兆欧表测量电气设备绝缘电阻时，其正确接线方法是L端子接被试品与大地绝缘的导电部分，E端子接被试品的接地端。

（8）兆欧表与被试品间的连线不能铰接或拖地。兆欧表与被试品间的连线应采用厂家为兆欧表配备的专用线，而且两根线不能铰接或拖地，否则会产生测量误差。

（9）采用兆欧表测量时，应设法消除外界电磁场干扰引起的误差。在现场有时在强磁场附近或在未停电的设备附近使用兆欧表测量绝缘电阻，由于电磁场干扰也会引起很大的测量误差。

引起误差的原因：

①磁耦合。由于兆欧表没有防磁装置，外磁场对发电机里的磁钢和表头部分的磁钢的磁场都会产生影响。当外界磁场强度为400 A/m时，误差为±0.2%；外界磁场越强，影响越严重，误差越大。

②电容耦合。由于带电设备和被试设备之间存在耦合电容，将使被试品中流过干扰电流。带电设备电压越高，距被试品越近，干扰电流越大，因而引起的误差也越大。

（10）为便于比较，对同一设备进行测量时，应采用同样的兆欧表、同样的接线。当采用不同型式的兆欧表测绝缘电阻，特别是测量具有非线性电阻的阀型避雷器时，往往会出现很大的差别。

当用同一只兆欧表测量同一设备的绝缘电阻时，应采用相同的接线，否则将测量结果放在一起比较是没有意义的。

三、影响测试绝缘电阻的主要因素

（一）湿度

随着周围环境的变化，电气设备绝缘的吸湿程度也随着发生变化。当空气相对湿度增大时，由于毛细管作用，绝缘物（特别是极性纤维所构成的材料）将吸收较多的水分，使电导率增加，降低了绝缘电阻的数值，尤其对表面泄漏电流的影响更大。

（二）温度

电气设备的绝缘电阻是随温度变化而变化的，其变化的程度随绝缘的种类而异。富于吸湿性的材料，受温度影响最大。一般情况下，绝缘电阻随温度升高而减小。当温度升高时，加速了电介质内部离子的运行，同时绝缘内的水分，在低温时与绝缘物结合得较紧密。当温度升高时，在电场作用下水分即向两极伸长，这样在纤维质中，呈细长线状的水分粒子伸长，使其电导增加。此外，水分中含有溶解的杂质或绝缘物内含有盐类、酸性物质，也使电导增加，从而降低了绝缘电阻。

由于温度对绝缘电阻值有很大影响，而每次测量又不能在完全相同的温度下进行，为了比较试验结果，我国有关单位曾提出过采用温度换算系数的问题，但由于影响温度换算的因素很多，如设备中所用的绝缘材料特性、设备的新旧、干燥程度、测温方法等，所以很难规定出一个准确的换算系数。目前，我国规定了一定温度下的标准数值，希望尽可能在相近温度下进行测试，以减少由于温度换算引起的误差。

（三）表面脏污和受潮

由于被试物的表面脏污或受潮会使其表面电阻率大大降低，绝缘电阻将显著下降。必须设法消除表面泄漏电流的影响，以获得正确的测量结果。

（四）被试设备剩余电荷

对有剩余电荷的被试设备进行试验时，会出现虚假现象，由于剩余电荷的存在会使测量数据虚假地增大或减小。要求在试验前先充分放电10 min。剩余电荷的影响还与试品容量有关，若试品容量较小时，这种影响就小得多了。

（五）兆欧表容量

实测表明，兆欧表的容量对绝缘电阻、吸收比和极化指数的测量结果都有一定的影响。

兆欧表容量愈大愈好。考虑到我国现有一般兆欧表的容量水平，推荐选用最大输出电流1 mA及以上的兆欧表，这样可以得到较准确的测量结果。

四、测量结论

将所测得的结果与有关数据比较，这是对试验结果进行分析判断的重要方法。通常用来作为比较的数据包括同一设备的各相间的数据、同类设备间的数据、出厂试验数据、耐压前后数据等。如发现异常，应立即查明原因或辅以其他测试结果进行综合分析、判断。

电气设备的绝缘电阻不仅与其绝缘材料的电阻系数成正比，而且还与其尺寸有关。即使是同一工厂生产的两台电压等级完全相同的变压器，绕组间的距离应该大致相等，其中的绝缘材料也应该相同，但若它们的容量不同，则会使绕组表面积不同，容量大者绕组表面积大。这样它们的绝缘电阻就不相同，容量大者绝缘电阻小。因此，即使是同一电压等级的设备，简单规定绝缘电阻允许值是不合理的，而应采用科学的"比较"方法，所以在规程中，一般不具体规定绝缘电阻的数值，而强调"比较"，或仅规定吸收比与极化指数等指标。

第二节　泄漏电流测量

一、概述

由于绝缘电阻测量的局限性，所以在绝缘试验中就出现了测量泄漏电流的项目。关于泄漏电流的概念在上节中已加以说明。测量泄漏电流所用的设备要比兆欧表复杂，一般用高压整流设备进行测试。由于试验电压高，所以就容易暴露绝缘本身的弱点，用微安表直测泄漏电流，这可以做到随时进行监视，灵敏度高。并且可以用电压和电流、电流和时间的关系曲线来判断绝缘的缺陷。因此，它属于非破坏性试验的方法。

由于电压是分阶段地加到绝缘物上，便可以对电压进行控制。当电压增加时，薄弱的绝缘将会出现较大的泄漏电流，也就是得到较低的绝缘电阻。

测量泄漏电流的原理和测量绝缘电阻的原理本质上是完全相同的，而且能检出缺陷的性质也大致相同。但由于泄漏电流测量中所用的电源一般均由高压整流设备供给，并用微安表直接读取泄漏电流。因此，泄漏电流与绝缘电阻测量相比有自己的特点。

（1）试验电压高，并且可随意调节。测量泄漏电流时是对一定电压等级的被试设备施以相应的试验电压，这个试验电压比兆欧表额定电压高得多，所以容易使绝缘本身的弱点暴露出来。因为绝缘中的某些缺陷或弱点，只有在较高电场强度下才能暴露出来。

（2）泄漏电流可由微安表随时监视，灵敏度高，测量重复性也较好。

（3）根据泄漏电流测量值可以换算出绝缘电阻值，而用兆欧表测出的绝缘电阻值则不可换算出泄漏电流值。因为要换算，首先要知道加到被试设备上的电压是多少，兆欧表虽然在铭牌上刻有规定的电压值，但加到被试设备上的实际电压并非一定是此值，而与被试设备绝缘电阻的大小有关。当被试设备的绝缘电阻很低时，作用到被试设备上的电压也非常低，只有当绝缘电阻趋于无穷大时，作用在被试设备上的电压才接近于铭牌值。这是因为被试设备绝缘电阻过低时，兆欧表内阻压降使"线路"端子上的电压显著下降。

（4）在直流电压作用下，当绝缘受潮或有缺陷时，电流随加压时间下降得比较慢，最终达到的稳态值也较大，即绝缘电阻较小。

二、测量原理

当直流电压加于被试设备时，其充电电流（几何电流和吸收电流）随时间的增加而逐渐衰减至零，而漏导电流保持不变。故微安表在加压一定时间后其指示数值趋于恒定，此时读取的数值则等于或近似等于漏导电流，即泄漏电流。

对于良好的绝缘，其漏导电流与外加电压的关系曲线应为一直线。但是实际

上的漏导电流与外加电压的关系曲线仅在一定的电压范围内才是近似直线

将直流电压加到绝缘上时，其泄漏电流是不衰减的，在加压到一定时间以后，微安表的读数就等于泄漏电流值。当绝缘良好时，泄漏电流和电压的关系几乎呈一直线，且上升较小；当绝缘受潮时，泄漏电流则上升较大；当绝缘有贯通性缺陷时，泄漏电流将猛增，和电压的关系就不是直线了。因此，通过泄漏电流和电压之间变化的关系曲线就可以对绝缘状态进行分析判断。

三、影响测量结果的主要因素

（一）高压连接导线

由于接往被试设备的高压导线是暴露在空气中的，当其表面场强高于约20 kV/cm时（决定于导线直径、形状等），沿导线表面的空气发生电离，对地有一定的泄漏电流，这一部分电流会经过回路而流过微安表，因而影响测量结果的准确度。

一般都是把微安表固定在升压变压器的上端，这时就必须用屏蔽线作为引线，也要用金属外壳把微安表屏蔽起来。

屏蔽线可以用低压的软金属线，因为屏蔽线之间之间的电压极低，只是仪表的压降而已，金属的外壳屏蔽一定要接到仪表和升压变压器引线的接点上，要尽可能地靠近升压变压器出线。这样一来，电晕虽然还照样发生，但只在屏蔽线的外层上产生电晕电流，而这一电流就不会流过微安表，可以完全防止高压导线电晕放电对测量结果的影响。由上述可知，这样接线会带来一些不便，为此，根据电晕的原理，采取用粗而短的导线，并且增加导线对地距离，避免导线有毛刺等措施，可减小电晕对测量结果的影响。

（二）表面泄漏电流

泄漏电流可分为体积泄漏电流和表面泄漏电流两种。表面泄漏电流的大小，主要决定于被试设备的表面情况，如表面受潮、脏污等。若绝缘内部没有缺陷，而仅表面受潮，实际上并不会降低其内部绝缘强度。为真实反映绝缘内部情况，在泄漏电流测量中，所要测量的只是体积电流。但是在实际测量中，表面泄漏电流往往大于体积泄漏电流，这给分析、判断被试设备的绝缘状态带来了困难，因而必须消除表面泄漏电流对真实测量结果的影响。

消除的办法：一种是使被试设备表面干燥、清洁且高压端导线与接地端要保持足够的距离；另一种是采用屏蔽环将表面泄漏电流直接短接，使之不流过微安表。

（三）温度

与绝缘电阻测量相似，温度对泄漏电流测量结果有显著影响。所不同的是温度升高，泄漏电流增大。

由于温度对泄漏电流测量有一定影响，所以测量最好在被试设备温度为 30~80 ℃时进行。因为在这样的温度范围内，泄漏电流的变化较为显著，而在低温时变化小，故应在停止运行后的热状态下进行测量，或在冷却过程中对几种不同温度下的泄漏电流进行测量，这样做也便于比较。

（四）电源电压的非正弦波形

在进行泄漏电流测量时，供给整流设备的交流高压应该是正弦波形。如果供给整流设备的交流电压不是正弦波，则对测量结果是有影响的。影响电压波形的主要是三次谐波。

必须指出，在泄漏电流测量中，调压器对波形的影响也是很大的。实践证明，自耦变压器畸变小，损耗也小，故应尽量选用自耦变压器调压。另外，在选择电源时，最好用线电压而不用相电压，因相电压的波形易畸变。

如果电压是直接在高压直流侧测量的，则上述影响可以消除。

（五）加压速度

对被试设备的泄漏电流本身而言，它与加压速度无关，但是用微安表所读取的并不一定是真实的泄漏电流，而可能是包含吸收电流在内的合成电流。这样一来，加压速度就会对读数产生一定的影响。对电缆、电容器等设备来说，由于设备的吸收现象很强，真实的泄漏电流要经过很长的时间才能读到，在测量时，不可能等很长的时间，大都是读取加压后1 min或2 min时的电流值，这一电流显然还包含着被试设备的吸收电流，而这一部分吸收电流是和加压速度有关的。如果电压是逐渐加上的，在加压的过程中，就已有吸收过程，读得的电流值就较小，如果电压是很快加上的，或者是一下子加上的，则加压过程中就没有完成吸收过程，而在同一时间下读得的电流就会大一些，对于电容量大的设备都是如此，而对电容量很小的设备，因为它们没有什么吸收过程，则加压速度所产生的影响就不大了。

但是按照一般步骤进行泄漏电流测量时，很难控制加压的速度，所以对大容量的设备进行测量时，就出现了问题。

（六）微安表接在不同位置时

在测量接线中，微安表接的位置不同，测得的泄漏电流数值也不同，因而对测量结果有很大影响。在某种程度上，当带上被试设备后，由于高压引线末端电晕的减少，总的泄漏电流又可能小于试具的泄漏电流，这使得企图从总的电流减去试具电流的做法将产生异常结果。特别是当被试设备的电容量很小，又没有装稳压电容时，在不接入被试设备来测量试具的泄漏电流时，升压变压器T的高压绕组上各点的电压与接入被试设备进行测量时的情况有显著的不同，这使上述减去所测试具泄漏电流的办法将产生更大的误差。所以当微安表处于升压变压器的低压端时，测量结果受杂散电流影响最大。

为了既能将微安表装于低压端，又能比较真实地消除杂散电流及电晕电流的影响。可选用绝缘较好的升压变压器，这样一来，升压变压器一次侧对地及一二次侧之间杂散电流的影响就可以大大减小。经验表明，一二次侧之间杂散电流的影响是很大的。另外，还可将高压引线用多层塑料管套上，被试设备的裸露部分用塑料、橡皮之类绝缘物覆盖上，能提高测量的准确度。

（七）试验电压极性

1.电渗现象使不同极性试验电压下油纸绝缘电气设备的泄漏电流测量值不同

电渗现象是指在外加电场作用下，液体通过多孔固体的运动现象，它是胶体中常见的电动现象之一。由于多孔固体在与液体接触的交界面处，因吸附离子或本身的电离而带电荷，液体则带相反电荷，因此在外电场作用下，液体会对固体发生相对移动。

运行经验表明，电缆或变压器的绝缘受潮通常是从外皮或外壳附近开始的。根据电渗现象，电缆或变压器绝缘中的水分在电场作用下带正电，当电缆心或变压器绕组加正极性电压时，绝缘中的水分被其排斥而渗向外皮或外壳，使其水分含量相对减小，从而导致泄漏电流减小；当电缆心或变压器绕组加负极性电压时，绝缘中的水分会被其吸引而渗过绝缘向电缆心或变压器绕组移动，使其绝缘中高场强区的水分相对增加，导致泄漏电流增大。

（1）试验电压的极性对新的电缆和变压器的测量结果无影响。因为新电缆和变压器绝缘基本没有受潮，所含的水分甚微，在电场作用下，电渗现象很弱，故正、负极性试验电压下的泄漏电流相同。

（2）试验电压的极性对旧的电缆和变压器的测量结果有明显的影响。

2.试验电压极性效应对引线电晕电流的影响

在不均匀、不对称电场中，外加电压极性不同，其放电过程及放电电压不同的现象，称为极性效应。

根据气体放电理论，在直流电压作用下，对棒—板间隙而言，其棒为负极性时的火花放电电压比棒为正极性时高得多，这是因为棒为负极性时，游离形成的正空间电荷，使棒电极前方的电场被削弱；而在棒为正极性时，正空间电荷使棒电极前方电场加强，有利于流注的发展，所以在较低的电压下就导致间隙发生火花放电。

对电晕起始电压而言，由于极性效应，会使棒为负极性的电晕起始电压较棒为正极性时略低。这是因为棒为负极性时，虽然游离仍从电场最强的棒端附近开始，但正空间电荷使棒极附近的电场增强，故其电晕起始电压较低；而棒为正极性时，由于正空间电荷的作用犹如棒电极的"等效"曲率半径有所增大，故其电晕起始电压较高。

在进行直流泄漏电流试验时，其高压引线对地构成的电场可等效为棒—板电场。由上述分析可知，当试验电压为负极性时，电晕起始电压较低，所以此时的电晕电流影响较大。从这个角度而言，在测量泄漏电流较小的设备（如少油断路器等）时，宜采用正极性试验电压。

四、测量时的操作规定

（1）按接线图接好线，并由专人认真检查接线和仪器设备，当确认无误后，方可通电及升压。

（2）在升压过程中，应密切监视被试设备、试验回路及有关表计。微安表的读数应在升压过程中，按规定分阶段进行，且需要有一定的停留时间，以避开吸收电流。

（3）在测量过程中，若有击穿、闪络等异常现象发生，应马上降压，以断开电源，并查明原因，详细记录，待妥善处理后，再继续测量。

（4）试验完毕、降压、断开电源后，均应对被试设备进行充分放电。放电前先将微安表短接，并先通过有高阻值电阻的放电棒放电，然后直接接地，否则会将微安表烧坏。无论在哪个位置放电，都会有电流流过微安表，即使是微安表短接，也发生由于冲击而烧表现象，因此必须严格执行通过高电阻放电的办法，而且还应注意放电位置。对电缆、变压器、发电机的放电时间，可依其容量大小由1 min增至3 min，电力电容器可长至5 min，除此之外，还应注意附近设备有无感应静电电压的可能，必要时也应放电或预先短接。

（5）若是三相设备，同理应进行其他两项测量。

（6）按照规定的要求进行详细记录。

五、测量中的问题

在电力系统交接和预防性试验中，测量泄漏电流时，常遇到的主要异常情况如下。

（一）从微安表中反映出来的情况

（1）指针来回摆动。可能是由于电源波动、整流后直流电压的脉动系数比较大以及试验回路和被试设备有充放电过程所致。若摆动不大，又不十分影响读数，则可取其平均值；若摆动很大，影响读数，则可增大主回路和保护回路中的滤波电容的电容量。必要时可改变滤波方式。

（2）指针周期性摆动。可能是由于回路存在的反充电所致，或者是被试设备绝缘不良产生周期性放电造成的。

（3）指针突然冲击。若向小冲击，可能是电源回路引起的；若向大冲击，可能是试验回路或被试设备出现闪络或产生间歇性放电引起的。

（4）指针指示数值随测量时间而发生变化。若逐渐下降，可能是由于充电电流减小或被试设备表面绝缘电阻上升所致；若逐渐上升，往往是被试设备绝缘老化引起的。

（5）测压用微安表不规则摆动。可能是由于测压电阻断线或接触不良所致。

（6）指针反指。可能是由于被试设备经测压电阻放电所致。

（7）接好线后，未加压时，微安表有指示。可能是外界干扰太强或地电位抬高引起的。

（二）从泄漏电流数值上反映出来的情况

（1）泄漏电流过大。可能是由于测量回路中各设备的绝缘状况不佳或屏蔽不好所致，遇到这种情况时，应首先对试验设备和屏蔽进行认真检查，如电缆电流偏大应先检查屏蔽。若确认无上述问题，则说明被试设备绝缘不良。

（2）泄漏电流过小。可能是由于线路接错，微安表保护部分分流或有断脱现象所致。

（3）当采用微安表在低压侧读数，且用差值法消除误差时，可能会出现负值。可能是由于高压引线过长、空载时电晕电流大所致。因此，高压引线应当尽量粗、短、无毛刺。

（三）硅堆的异常情况

在泄漏电流测量中，有时发生硅堆击穿现象，这是由于硅堆选择不当、均压不良或质量不佳所致。为防止硅堆击穿，首先应正确选择硅堆，使硅堆不致在反向电压下击穿；其次应采用并联电阻的方法对硅堆串进行均压，若每个硅堆工作电压为5kV时，每个并联电阻常取为2MΩ。

六、测量结论

对某一电气设备进行泄漏电流测量后，应对测量结果进行认真、全面地分析，以判断设备的绝缘状况，做出结论是合格或不合格。

对泄漏电流测量结果进行分析、判断，可从下述几方面着手。

（一）与规定值比较

泄漏电流的规定值就是其允许的标准，它是在生产实践中根据积累多年的经验制订出来的，一般能说明绝缘状况。对于一定的设备，具有一定的规定标准。

这是最简便的判断方法。

（二）比较对称系数法

在分析泄漏电流测量结果时，还常采用不对称系数（三相之中的最大值和最小值的比）进行分析、判断。一般说来，不对称系数不大于2。

（三）查看泄漏电流和外加电压关系曲线法

利用泄漏电流和外加电压的关系曲线可以说明绝缘在高压下的状况。如果在试验电压下，泄漏电流与电压的关系曲线是一近似直线，那就说明绝缘没有严重缺陷，如果是曲线，而且形状陡峭，则说明绝缘有缺陷。

第三节　测量介质损失角正切

电介质就是绝缘材料。当研究绝缘物质在电场作用下所发生的物理现象时，把绝缘物质称为电介质；而从材料的使用观点出发，在工程上把绝缘物质称为绝缘材料。既然绝缘材料不导电，怎么会有损失呢?我们确实总希望绝缘材料的绝缘电阻愈高愈好，即泄漏电流愈小愈好。但是，世界上绝对不导电的物质是没有的。任何绝缘材料在电压作用下，总会流过一定的电流，所以都有能量损耗。把在电压作用下电介质中产生的一切损耗称为介质损耗或介质损失。

如果电介质损耗很大，会使电介质温度升高，促使材料发生老化（发脆、分解等），如果介质温度不断上升，甚至会把电介质熔化、烧焦，丧失绝缘能力，导致热击穿，因此电介质损耗的大小是衡量绝缘介质电性能的一项重要指标。

在外加交流电压的作用下，绝缘介质就流过电流，电流在介质中产生能量损耗，这种损耗称为介质损耗。当介质损耗很大时，就会使介质的温度升高而老化，甚至导致热击穿。因此，介质损耗的大小就反映了介质的优劣状况。

一、测量介质损的装置

我国目前使用的测介质损失角正切试验装置有西林电桥、M型介质试验器，还有P5026M型交流电桥、GWS-1型光导微机介质损耗测试仪等。

利用微机技术制造的自动平衡的试验装置，其主要特点：

（1）有完整的配套设备。包括0~12 kV电源、标准电容、仪表试验端子和打印机。

（2）操作简便。提供自动平衡和信号显示，包括电压、电流、介质损耗、电容和功率因素。读数可调整到10 kV或2.5 kV的有效值。

（3）读数可以在打印机上硬拷贝，或用可移动"数据键"，其用于在以后移到标准PC机上。

（4）安全。包括两个手动连锁开关、接地断开探测回路和试验的零电压起始引入。

（5）在强烈的电子和电磁干扰条件下，可达到高的精确度，如在高压变电所就有这种情况。

（6）设有自诊断的自查刻度。

二、电桥测试中的注意事项

在电桥测试中，有些问题往往容易被忽视，使测量数据不能反映被试设备的真实情况，常被忽视的问题：

（1）外界电场干扰的影响。在电压等级较低（如35 kV电压等级）的电气设备测试中，容易忽视电场干扰的影响。

（2）高压标准电容器的影响。现场经常使用的BR-16型标准电容器，电容量为50 pF。由于标准电容器经过一段时间存放、应用和运输后，本身的质量在不断变化，会受潮、生锈，如忽视了这些质量问题，同样会影响测试的数据。

（3）试品电容量变化的影响。在用QS₁型西林电桥测量电气设备绝缘状况时，往往重视介质损失角正切值，而容易忽视试品电容量的变化，从而由此而产生一些事故。

（4）消除表面泄漏的方法。当测量电气设备绝缘的介质损失角正切时，空气相对湿度对其测量结果影响很大，当绝缘表面脏污，且又处于湿度较大的环境中时，表面泄漏电流增加，对其测量结果影响更大。

消除的有效方法如电热风法、瓷套表面瓷裙涂擦法、化学去湿法等。

（5）测试电源的选择。在现场测试中，有时会遇到试验电压与干扰电源不同步，用移相等方法也难以使电桥平衡的情况。

（6）接线的影响。小电容（小于500 pF）试品主要有电容型套管、3～110 kV电容式电流互感器等。对这些试品采用QS₁型电桥的正、反接线进行测量时，其介质损耗因数的测量结果是不同的。

按正接线测量一次对二次或一次对二次及外壳（垫绝缘）的介质损耗因数，测量结果是实际被试品一次对二次及外壳绝缘的介质损耗因数。而一次和顶部周围接地部分的电容和介质损耗因数均被屏蔽掉（电桥正接线测量时，接地点是电桥的屏蔽点）。

由于正接线具有良好的抗电场干扰，测量误差较小的特点，一般应以正接线测量结果作为分析判断绝缘状况的依据。

三、影响测试中的主要因素及分析判断

（一）影响因素

（1）温度的影响。介质损失角正切值受温度影响而变化，为了比较试验结果，对同一设备在不同温度下的变化必须将结果归算到一个公共的基准温度，一般归算到20 ℃。

（2）湿度的影响。在不同的湿度下测得的值也是有差别的，应在空气相对湿度小于80%下进行试验。

（3）绝缘的清洁度和表面泄漏电流的影响。这可以用清洁和干燥外表面来将损失减到最小，也可采用涂硅油等办法来消除这种影响。

（二）综合判断

由上述可知，每一项预防性试验项目对反映不同绝缘介质的各种缺陷的特点及灵敏度各不相同，因此对各项预防性试验结果不能孤立地、单独地对绝缘介质作出试验结论，而必须将各项试验结果全面地联系起来，进行系统的、全面的分析、比较，并结合各种试验方法的有效性及设备的历史情况，才能对被试设备的

绝缘状态和缺陷性质给出科学的结论。例如，当利用兆欧表和电桥分别对变压器绝缘进行测量时，如果介质损失角正切值不高，但其绝缘电阻、吸收比较低，则往往表示绝缘中有集中性缺陷；如果介质损失角正切值也高，则往往说明绝缘整体受潮。

一般来说，如果电气设备各项预防性试验结果（也包括破坏性试验）能全部符合规定，则认为该设备绝缘状况良好，能投入运行。但是对非破坏性试验而言，有些项目往往不做具体规定，有的虽有规定，然而，试验结果却又在合格范围内出现"异常"，即测量结果合格，增长率很快。对这些情况如何作出正确判断，则是每个试验人员非常关心的问题。根据现场试验经验，现将电气设备绝缘预防性试验结果的综合分析判断概括为比较法。比较法包括下列内容：

（1）与设备历年（次）试验结果相互比较。因为一般的电气设备都应定期地进行预防性试验，如果设备绝缘在运行过程中没有什么变化，则历次的试验结果都应当比较接近。如果有明显的差异，则说明绝缘可能有缺陷。

（2）与同类型设备试验结果相互比较。因为对同一类型的设备而言，其绝缘结构相同，在相同的运行和气候条件下，其测试结果应大致相同。若差距很大，则说明绝缘可能有缺陷。

（3）同一设备相间的试验结果相互比较。因为同一设备，各相的绝缘情况应当基本一样，如果三相试验结果相互比较差异明显，则说明有异常的绝缘可能有缺陷。

（4）与《电力设备预防性试验规程》（DL/T 596—2021）规定的"允许值"相互比较。对有些试验项目，《电力设备预防性试验规程》（DL/T 596—2021）规定了"允许值"，若测量值超过"允许值"，应认真分析，查找原因，或再结合其他试验项目来查找缺陷。

总之，应当坚持科学态度，对试验结果必须全面地、历史地进行综合分析，掌握设备性能变化的规律和趋势，这是多年来试验工作者总结出来的一条综合分析判断试验结果的重要原则，并以此来正确判断设备的绝缘状况，为检修提供依据。

第四节 交、直流耐压试验

交流耐压试验是鉴定电力设备绝缘强度的最严格、最有效且最直接的试验方法，交流耐压试验对判断电力设备能否继续加入运行具有决定性的意义，也是保证设备绝缘水平，避免发生绝缘事故的重要手段。对110 kV以下的电力设备应进行耐压试验（有特殊规定者除外）。110 kV及以上的电力设备，在必要时应进行耐压试验。

直流耐压试验是考验电力设备的电气强度的，交流耐压试验在反映电力设备受潮、劣化和局部缺陷等方面有重要实际意义。目前，在发电机、电动机、电缆、电容器等电力设备预防性试验中得到广泛应用。

一、交流耐压试验

交流耐压试验是对电气设备绝缘外加交流试验电压，该试验电压比设备的额定工作电压要高，并持续一定的时间（一般为1 min）。交流耐压试验是一种最符合电气设备的实际运行条件的试验，是避免发生绝缘事故的一项重要的手段。因此，交流耐压试验是各项绝缘试验中具有决定性意义的试验。

但是，交流耐压试验也有缺点，交流耐压试验是一种破坏性的试验；同时，在试验电压下会引起绝缘内部的累积效应。因此，对试验电压值的选择是十分慎重的，对于同一设备的新旧程度和不同的设备所取的数值都是不同的，在我国的《电力设备预防性试验规程》（DL/T 596—2021）中已进行了有关的规定。

（一）交流耐压试验分类

交流耐压试验可以分为下列几种。

（1）交流工频耐压试验。

（2）0.1 Hz试验。

（3）冲击波耐压试验。

（4）倍频感应电压试验和操作波试验。

（5）局部放电试验。

（二）主要影响因素

（1）必须在被试设备的非破坏性试验都合格后才能进行此项试验，如果有缺陷（如受潮），应排除缺陷后进行。

（2）被试设备的绝缘表面应擦干净，对多油设备应使油静止一定的时间。

（3）应控制升压速度，在1/3试验电压以前可以快一些，其后应以每秒钟3%的试验电压连续升到试验电压值。

（4）试验前后应比较绝缘电阻、吸收比，不应有明显的变化。

（5）应排除湿度、温度、表面脏污等影响。

（三）操作规定

（1）试验前应了解被试设备的非破坏性试验项目是否合格，若有缺陷或异常，应在排除缺陷（如受潮时要干燥）或异常后再进行试验。

（2）试验现场应围好围栏，挂好标志牌，并派专人监视。

（3）试验前应将被试设备的绝缘表面擦拭干净。对多油设备应按有关规定使油静止一定时间，如大容量变压器，应使油静止12 ~ 20 h，3 ~ 10 kV变压器，应使油静止5 ~ 6 h后再做试验。

（4）调整保护球隙，使其放电电压为试验电压的105% ~ 110%，连续试验三次，应无明显差别，并检查过流保护装置动作的可靠性。

（5）根据试验接线图接好线后，应由专人检查，确认无误（包括引线对地距离、安全距离等）后方可准备加压。

（6）加压前要查调压是否在"零位"，若在"零位"方可加压，而且要在高呼"加高压"后才能实施操作。

（7）升压过程中应监视电压表及其他的变化，当升至0.5倍额定试验电压时，读取被试设备的电容电流；当升至额定电压时，开始计算时间，时间到后缓慢降下电压。

（8）对于升压速度，在1/3试验电压以下可以稍快一些，其后升压应均匀，约按3%试验电压升压，或升至额定试验电压的时间为10 ~ 15 s。

（9）试验中若发现表针摆动或被试设备、试验设备发出异常响声、冒烟、冒火等，应立即降低电压，在高压侧挂上地线后，查明原因。

（10）被试设备无明显规定者，一般耐压时间为1 min，对绝缘棒等用具，耐压时间为5 min，试验后应在挂上接地棒后触摸有关部位，应无发热现象。

（11）试验前后应测量被试设备的绝缘电阻及吸收比，两次测量结果不应有明显差别。

（四）交流试验中的问题

1.调压器的情况

当接通电源，合上电磁开关，接通调压器后，调压器便发出沉重的声响，这可能是将220 V的调压器错接到380 V的电源上了，若此时电流出现异常读数，则可能是调压器不在零位，并且其输出侧有短路或类似短路的情况，最常见的是接地棒忘记摘除。

2.电压表的情况

（1）电压表有指示。接通电源后，电压表马上就有指示，这说明调压器不在零位，若电压表指示甚大，且伴有声响，则可能马上嗅出味来。

（2）电压表无指示，接通电源后，调节调压器，电压表无指示，这可能是由于自耦变压器炭刷接触不良，或电压表回路不通，或变压器的一次绕组、测量绕组有断线的地方所致。

3.升压过程中出现的情况

（1）在升压或持续试验的过程中，出现限流电阻内部放电，这可能是由于管内没有水或水不够所致。有时出现管外表面闪络，这可能是由于水阻过大、管子短或表面脏污所致。

（2）在升压过程中，电压缓慢上升，而电流急剧上升，这可能是由于被试设备存在短路或类似短路的情况所致，也可能是被试设备容量过大或接近于谐振所致。

（3）若随着调压器往上调节，电流下降，电压基本不变可有下降趋势，这可能是由于试验负荷过大、电流容量不够所致。在这种情况下，可改用大容量电源进行尝试，否则可能是由于波形畸变的影响所致。

（4）在升压过程中，随着移圈调压器调节把手的移动，输出电压不均匀地上升，而出现一个马鞍形。这是由于移圈调压器的漏抗与负载电容的容抗相匹配而发生串联谐振造成的，遇到这种情况，可采用增大限流电阻或改变回路参数的办法来解决。

（五）交流耐压试验结果的分析

（1）被试设备一般经过交流耐压试验，在规定的持续时间内不发生击穿为合格，反之为不合格。

（2）当被试设备为有机绝缘材料，经试验后，立刻进行触摸，如出现普遍或局部发热，都认为绝缘不良，需要处理（如烘烤），然后再进行试验。

（3）对组合绝缘设备或有机绝缘材料，耐压前后其绝缘电阻不应下降30%，否则就认为不合格。对于纯瓷绝缘或表面以瓷绝缘为主的设备，易受当时气候条件的影响，可酌情处理。

（4）在试验过程中，若空气湿度、温度或表面脏污等的影响，仅引起表面滑闪放电或空气放电，则不应认为不合格。在经过清洁、干燥等处理后，再进行试验；若并非由于外界因素影响，而是由于瓷件表面釉层绝缘损伤、老化等引起的（如加压后表面出现局部红火），则应认为不合格。

（5）进行综合分析、判断。应当指出，有的设备即使通过了耐压试验，也不一定说明设备毫无问题，特别是像变压器那样有绕组的设备，即使进行了交流耐压试验，也往往不能检出匝间、层间等缺陷，所以必须会同其他试验项目所得的结果进行综合判断。除上述测量方法外，还可进行色谱分析、微水分析、局部放电测量等。

二、直流耐压试验

直流耐压试验和直流泄漏试验的原理、接线及方法完全相同，差别在于直流耐压试验的试验电压较高，除了能发现设备受潮、劣化，对发现绝缘的某些局部缺陷具有特殊的作用，往往这些局部缺陷在交流耐压试验中是不能被发现的。

（一）直流耐压试验特点

直流耐压试验与交流耐压相比有以下几个特点。

（1）设备较轻便。在对大容量的电力设备（如发电机）进行试验，特别是在试验电压较高时，交流耐压试验需要容量较大的试验变压器，而当进行直流耐压试验时，试验变压器的容量可不必考虑。通常负荷的泄漏电流都不超过几毫安，核算到变压器侧的容量微不足道的。因此，直流耐压试验的试验设备较轻便。

（2）绝缘无介质极化损失。在进行直流耐压试验时，绝缘没有极化损失，因此，不致使绝缘发热，从而避免因热击穿而损坏绝缘。在进行交流耐压试验时，既有介质损失，还有局部放电，致使绝缘发热，对绝缘的损伤比较严重，而直流下绝缘内的局部放电要比交流下的轻得多。基于这些原因，直流耐压试验还有些非破坏性试验的特性。

（3）可制作伏安特性曲线。进行直流耐压试验时，可制作伏安特性曲线，可根据伏安特性曲线的变化来发现绝缘缺陷，并可由此来预测击穿电压。预测击穿电压的方法是将泄漏电流与电压关系曲线延长，泄漏电流急剧增长的地方，表示即将击穿，此时即停止试验。

（4）在进行直流耐压试验时，一般都兼做泄漏电流测量，由于直流耐压试验时所加电压较高，故容易发现缺陷。

（5）易于发现某些设备的局部缺陷。对电缆来说，直流试验也容易发现其局部缺陷。直流耐压试验能够发现某些交流耐压所不能发现的缺陷。但交流耐压对绝缘的作用更近于运行情况，因而能检出绝缘在正常运行时的最弱点。因此，这两个试验不能互相代替，必须同时应用于预防性试验中，特别是电机、电缆等更应该做直流试验。

（二）试验电压的确定

在进行直流耐压试验时，外施电压的数值通常应参考该绝缘的交流耐压试验电压和交、直流下击穿电压之比，但主要是根据运行经验来确定。

（三）试验电压的极性

电力设备的绝缘分为内绝缘和外绝缘，外绝缘对地电场可以近似用棒-板构成的电场来等效。

研究表明，在棒—板电极构成的不对称、极不均匀电场中，气体间隙相同时，由于极性效应，负棒—正极的火花放电电压是正棒—负极的火花放电电压的

2倍多。

通常，电力设备的外绝缘水平比其内绝缘水平高，显然，施加负极性试验电压外绝缘更不容易发生闪络，这有利于实现直流耐压试验检查内绝缘缺陷的目的。另外，对电缆等油浸纸绝缘的电力设备，由于电渗现象，其内绝缘施加负极性试验电压时的击穿电压较正极性低10%左右，也就是说，电缆心接负极性试验电压检出缺陷的灵敏度更高，即更容易发生绝缘缺陷。

应指出，直流耐压试验的时间可比交流耐压试验的时间（1 min）长些。直流耐压试验结果的分析判断，可参阅交流耐压试验分析判断的有关原则。

第五节　绝缘油试验

绝缘油在电气设备中应用很多，如变压器、互感器、开关和电缆中都有应用。作为介质和冷却剂其功能受其劣化的影响而降低，劣化是受污染、过热、电场强度和氧化所致，受潮是最普遍的污染。为了保证设备的安全运行，对绝缘油应有电气和化学方面的监控试验。

一、运行中变压器油的质量要求

变压器油运行控制标准油的水分含量和气体色谱分析是最主要的。

运行油可以分为以下几类：

第一类：可满足连续运行，各项性能指标符合国标要求。

第二类：可继续使用，但需要过滤处理，一般是含水量和击穿电压不合格，外观有杂质存在，可用机械过滤加以去除。

第三类：油质量较差，必须进行再生处理或更换。往往是酸值、界面张力、介质损耗因数超标。

第四类：油质量很差，多项指标超标，应以报废。

对于断路器油可使用专用油。专用油黏度小，断开电流时能迅速流入灭弧室灭弧，并使游离碳的沉降较快。

41

在运行中由于各种因素而需要补充加入新油，这就产生了混油的问题。

混油时应注意下列事项：

（1）补充的油最好用和原设备同一牌号的油。

（2）要注意油中添加的抗氧化剂牌号应相同（国产为T501），否则可能产生沉淀物。

（3）两种油的性能指标应符合质量要求，新油应符合新油的标准。

（4）当运行有一项或多项指标接近极限值，尤其是pH、酸值、界面张力接近极限值时，应慎重对待，进行试验室混油试验。

（5）当运行油质量不符合标准，应进行净化或再生后，才能考虑混油。

（6）进口油或来源不明的油和运行油混合使用时，应先进行各参加混合的单个油样及其准备混合后的油样的老化试验。如混合后油样质量不低于原运行油时，方可进行混油；若参加混合的单个油样全是新油，经老化试验后，其混合油的质量不低于最差的一种新油，才可混合，这主要原因是添加剂的问题。

二、试验方法

（一）取样

取样是试验的基础。正确的取样技术和样品保存对保证试验结果的准确性是相当重要的，所以取样应由有经验的人员严格按照要求进行。本节只介绍常规分析的取样方法。

1.从油桶中取样

（1）试油应从污染最严重的底部取样，必要时可抽查上部油样。

（2）取样前需要用干净的甲级棉纱或齐边白布将桶盖外部擦净，并不得将纤维带入油中，然后用清洁、干燥的取样管取样。

（3）从整批油桶内取样时，取样的桶数应能足够代表该批油的质量。

（4）如怀疑有污染物存在，则应对每桶油逐一取样，并逐桶核对牌号、标志。在过滤时应对每桶油进行外观检查。

（5）试验油样应是从每个桶中所取油样经均匀混合后的样品。

2.从油罐或槽车中取样

（1）应从污染最严重的油罐或槽车底部取样，必要时可抽查上部油样。

（2）取样前应排空取样工具内的存油，不得引起交叉污染。

3.从运行中的设备内取样

对于变压器、油开关或其他充油电力设备，应从下部阀门处取样，取样前需先用干净的甲级棉纱或布将油阀门擦净，再放油将阀门和管路冲洗干净，然后才取油样。

对于套管、无阀门的充油设备，应在停电检修时设法取样，对进口全密封无取样阀的设备，按制造厂规定取样。

取样容器可采用具塞磨口玻璃或金属小口容器，也可采用无色的用直链聚乙烯制成的塑料容器。取样前应将取样容器先用洗涤剂清洗，再用自来水冲洗，最后用蒸馏水洗净，烘干、冷却后盖紧瓶塞备用。容器应足够大，以适应各试验项目所需油样量的需要。如进行全分析，取样量一般为31mL左右，简化分析取样量可为11mL。

每个样品应有正确的标记，一般在采样前将印好的标签粘贴于容器上。标签至少应包括下述内容：

（1）单位名称。

（2）设备编号。

（3）油的牌号。

（4）采样部位。

（5）采样时天气。

（6）采样日期。

（7）采样人签名。

取完样后，应及时按标签内容要求，逐一填写清楚。

（二）介电强度测定方法

绝缘油介电强度测定是一项常规试验，用来检验绝缘油被水和其他悬浮物质物理污染的程度。

绝缘油介电强度测定，所用的设备除专用油杯外，其他的与交流耐压试验相同。

对于经过滤处理、脱气和干燥后的油及电压高于220 kV的电力设备内的油，采用球盖形电极进行试验。

油杯和电极需保护清洁，在停用期间，必须用盛新变压器油的方法进行保护。对劣质油进行试验后，必须以溶剂汽油或四氯化碳洗涤，烘干后方可继续使用。

油杯和电极在连续使用达一个月后，应进行一次检查。检验测量电极距离有无变化，用放大镜观察电极表面有无发暗现象，若有此现象，则应重新调整距离并用鹿皮或绸布擦净电极。若长期停用，在使用前也应进行此项工作。

试油必须在不破坏原有储装密封的状态下，于试验室内放置一段时间，待油温和室温相近后方可揭盖试验。在揭盖前，将试油轻轻摇荡，使内部杂质混合均匀，但不得产生气泡，在试验前，用试油将油杯洗涤2～3次。

试油注入油杯时，应徐徐沿油杯内壁流下，以减少气泡，在操作中，不允许用手触及电极、油杯内部和试油。试油盛满后必须静置10～15 min，方可开始升压试验。

在升压操作前，必须仔细检查线路和连接情况，地线的接地情况，以及调压器把手是否放在起点位置。

试验的具体步骤如下：

（1）试验在室温15～35 ℃、湿度不高于75%的条件下进行。当准备工作全部就绪后，将自动断电器推到"接通"位置，并观察指示灯和电压表（指示灯亮，电压表指示零位）无误后，即可开始以约3kV/s的速度均匀升压。

（2）在升压过程中，如发生不大的破裂声或电压表指针的振动，不是放电，应继续升压（中途不得停顿）至发生第一个火花为止，放电后立即将调压器把手倒回到起点，记下火花放电电压，将仪器盖子启开。

（3）用准备好的清洁玻璃棒或不锈钢棒在电极间拨弄数次，以除掉因火花放电而产生的游离碳，并再静置5 min，然后进行第二次试验，其余类推。

（4）试验进行6次，取6次连续测定的火花放电电压值的算术平均值作为平均火花放电电压。

试验中，其火花放电电压的变化有四种情况。

①第一次火花放电电压特别低。第一次试验可能因向油杯中注油样时或注油前油杯电极表面不洁带进了一些外界因素的影响，使得第一次的数值偏低。这时可取2～6次的平均值。

②6次火花放电电压数值逐渐升高。一般在未净化处理或处理不够彻底而吸

有潮气的油样品中出现，这是因为油被火花放电后油品潮湿程度得到改善所致。

③6次火花放电电压数值逐渐降低。一般出现在试验较纯净的油中，因为生成的游离带电粒子、气泡和炭屑量相继增加，损坏了油的绝缘性能。另外，还有的自动油试验器在连续试验6次中不搅拌，电极间的碳粒逐渐增加，导致火花放电电压逐渐降低。

④火花放电电压数值两头偏低中间高。这属于正常现象。

（5）试验记录中应包括：油的颜色、有无机械杂质和游离碳、油温、全部击穿电压数值、试验异常现象及结论、试验日期、相对湿度和环境温度等。

（三）测量介质损耗因数

变压器油在电场作用下引起的能量损耗，称为油的介质损耗，通常在规定的条件下测量变压器油的损耗，并以介质损耗因数表示。

测量绝缘油的介质损耗因数，既能灵敏地反映绝缘油在电场、氧化、日照、高温等因素作用下的老化程度，也能灵敏地发现绝缘油中含有水分、杂质的程度。许多国家都认为，绝缘油的介质损耗因数试验是一项重要的必须进行测量的电气特性试验。

测量油的介质损耗因数是将油装在试验杯中，用精确度较高的交流电桥进行试验，测量应在（20±5）℃或（70±5）℃和相对湿度为（65±5）%的条件下进行。

测量变压器油的介质损耗因数较小时，通常采用QS_1型西林电桥，其量程在0.0001～0.01。

对测定油杯的要求是电极用黄铜或钢材制，表面电极均匀地镀一层镍或铬，电极工作表面应光滑，其粗糙度值应不大于0.8μm，如发现表面呈暗色时，必须重新抛光。测定电极与保护电极间的绝缘电阻应为测定设备绝缘电阻的100倍以上。各电极应保持同心，间隙的距离均匀。对于洁净和干燥的油杯，每次使用前用油样冲洗两次。注入油杯内的试样，应无气泡或其他杂质，注入的油试样不少于50 mL。测定电极的接头应与接地良好的金属屏蔽套连接。各心线与屏蔽间的绝缘电阻一般应大于50～100 M，以防止绝缘不良而影响测定结果。屏蔽线的接地最好不与其他接线混接在一起。油杯及其接线最好放在屏蔽网的里面，以保证安全测定。测定步骤如下：

（1）线路连接完毕后，应检查各点的接触是否良好，是否有断路或漏电的现象。在现场周围尽量避免受电磁场或机械振动的影响。

（2）对油样施加的试验电压一般为1000 V，在升压过程中不应有任何放电现象。

（3）接通放大器电源后，调节检流计的谐振频率，然后对电桥进行对称（零平衡）校验，目的是消除电桥本身残余电抗的影响，当试品的电抗等于电桥臂的电抗时，测定准确度最高，残余电抗的影响最小。

（4）对测定油杯进行空试，检查电极本身有无损耗。要求在20 ℃下电极本身的介质损耗因数不大于0.01%。若介质损耗因数大于此值，应重新清洗，并在105 ℃烘箱中烘2 h后，待其在烘箱中冷却至室温后取出组装及试验。

第六节　绝缘子运行中检测

绝缘子是电网中大量使用的一种绝缘部件，当前应用得最广泛的是瓷质绝缘子，也有少量的玻璃绝缘子、有机（或复合材料）绝缘子。

绝缘子试验指的是支柱绝缘子和悬式绝缘子试验，其试验项目如零值绝缘子检测（66 kV及以上）、测量绝缘电阻、交流耐压试验、测量绝缘子表面污秽物的等值盐密。

运行中的针式支柱绝缘子和悬式绝缘子的试验项目可在检查零值、绝缘电阻及交流耐压试验中任选一项。玻璃悬式绝缘子不进行该三项试验，运行中自破的绝缘子应及时更换。

一、绝缘子的检测方法

从绝缘子的劣化特征、劣化原因的分析中可知，劣化绝缘子在电气性能、局部放电、温度分布等多个方面与良好绝缘子相比，存在着差异。依据这些特征和差异，研制了相应的仪器或装置，研究了不同的测量方法。从现行的检测方式来看，有带电检测和停电检测，有接触式检测和非接触式检测。从测量方法的依据来分，大致有如下几个方面。

（一）绝缘电阻测定

良好绝缘子的绝缘电阻一般在千兆欧以上，劣质绝缘子，其表现为绝缘电阻降低，甚至为零。该方法可停电也可带电测量，属接触式。在测量时，空气相对湿度不能太大，否则，易误判。另外，输电线路的大量检测不易进行。

（二）分布电压测定

劣质绝缘子的特征是绝缘能力降低，分担电压低，甚至为零。利用这一特征和良好绝缘子串的标准电压分布相比较，可以检测出劣质绝缘子。该方法需带电测量，35～220 kV输电线路上常用的工具有短路叉、电阻分压杆、电容分压杆和火花间隙操作杆等，均属接触式测量。该方法同测量绝缘电阻一样，需在良好的天气下进行。

（三）交流耐压

利用劣质绝缘子的绝缘特性下降，耐受电压降低来判断劣质绝缘子的。这种方法判断绝缘子的优劣最直接、最权威，也是检验其他方法有效性和检出劣质绝缘子真伪的依据。但该方法难以现场测量。

目前，500 kV输电线路已成为国家电网的主干线。500 kV线路，电场强，绝缘子串长，对检测装置干扰大，且检测和判断都十分困难。近年来，利用劣化绝缘子的绝缘电阻降低和分担电压降低这一特性，又研制出发出超声波劣质绝缘子检测仪、自爬式不良绝缘子检测器等，已经开始用于500 kV输电线路的零值绝缘子的检测。

（四）红外热像仪检测绝缘子劣化

红外热像仪检测绝缘子的基本原理是根据绝缘子串的分布电压所在各片绝缘子上反映的热分布，进行成像处理来检测绝缘子的，该仪器可在远距目标的地面或航空测量，且不受高压电磁场的干扰，为用户所欢迎。该测量方法的缺点在于需要一个天气稍微阴暗的背景。

（五）声和超声法

声和超声测量法是利用声—电传感器，探测劣质绝缘子发生局部放电时发出的声波和超声来确定劣质部位的，属非接触式测量，它在强大的高压电磁场下，区别劣化局放信号，有一定难度。

二、零值绝缘子检测

零值绝缘子检测主要是检测66 kV及以上的悬式绝缘子串中的零值绝缘子。检测是在运行电压下进行的。劣化悬式绝缘子检测方法有光电式检测杆、自爬式检测仪、超声波检测仪、红外成像技术检测等。但真正被广泛用于生产实践的还是火花间隙检测装置。

从我国目前使用的火花间隙检测装置来看，大体可分为固定式和可变式两种类型。

（一）固定式

就是在检测过程中间隙是固定不变的。利用此种间隙的两根探针短接绝缘子两端部件瞬间的放电与否来判断绝缘子好坏。此种火花间隙检测装置又分为可调式和不可调式两种。

1.不可调式

短路叉是检测零值绝缘子最常用、最简便的火花间隙检测装置。

2.可调式

可调式火花间隙检测装置可以根据检测绝缘子电压等级不同来调整其间隙距离，以适应不同电压等级的需要。

我国以往使用的火花间隙电极大都为尖对尖，而球对球的电极形状放电分散性较小。

当测得的分布电压下降到最低正常分布电压的50%时，则认为该元件不合格，需要更换。

固定可调式火花间隙检测装置具有结构简单、轻巧、可快速定性等优点。它适用于不同电压等级的悬式绝缘子零值和低值的检测。

（二）可变式

可变式是在检测过程中可变动间隙的距离。可调火花间隙的检测杆测量部分是一个可调的放电间隙和一个小容量的高压电容器相串联，预先在室内校好放电间隙的放电电压值，并标在刻度板上，测杆在机械上可以旋转。这样一来，在现场当接到被测的绝缘子后，便转动操作杆，改变放电间隙，直至开始放电，即可读出在刻度板上所标出的放电电压值。如果某一元件上的分布电压低于规定标准值，而相邻其他元件的分布电压又高于标准值时，则该元件可能有缺陷。为了防止因火花间隙放电短接了良好的绝缘元件而引起相对的闪络，可以用电容C与火花间隙串联后再接到探针上去。C值约为30 pF，和一片良好的悬式绝缘子的电容值接近。因为和C串联的火花间隙的电容量只有几皮法，所以C的存在基本上不会降低作用于间隙上的被测电压。

零值绝缘子检测工具的缺点：动电极容易损伤而变形，放电电压受温度影响，检测结果分散性大，这些都使其检测的准确性较差，而且测量时劳动强度较大，时间也较长。因此，它仅用于检验性测量，对于零值绝缘子的检测还是有效的。

综上所述，选择固定可调式火花间隙检测装置作为检测零值和低值绝缘子工具是适当的。

（三）超声波劣质绝缘子检测仪

超声波劣质绝缘子检测仪，也是测量运行绝缘子串分布电压的一种仪器，它是将绝缘子串电压分布的实测结果与良好绝缘子串的标准电压分布相比较而检出劣质绝缘子。该测量装置主要由高压探头、接收传感器和接收器以及数字式电压显示仪、绝缘操作杆等几部分组成。其工作原理是由高压探头接触被测绝缘子，高压传感器将信号采样，经超声波换流器将交流信号转换为超声信号，经绝缘操作杆传至接收传感器，将超声信号还原为电信号送给接收器，由接收器内的识别电路、计算电路，将交流信号数字化，再由数字电压表显示出被测绝缘子的分布电压。

由于该装置的抗干扰的能力较强，且输入电容量较小（实测为1～2 pF），因此可以在500 kV输电线路上进行测量，且能保证测量的精度。但是该装置仍需登塔、探头和瓷绝缘子接触，500 kV绝缘操作较长，对耐张串组的劣质绝缘子的检测不太方便。

（四）红外热像检测绝缘子劣化

红外热像技术就是对被检物体的温度分布进行成像处理，使其热的二维分布成为二维可视图像，人们可以据热场分布的变化对被检设备性能好坏进行诊断。

对输电线路绝缘子串来讲，它的热分布是与其电压分布相对应的，而绝缘子串的电压分布在正常情况下，与绝缘子串的电容量成反比。

绝缘子的发热由三部分组成：一为电介质在工频电压作用下极化效应发热；二为内部穿透性泄漏电流发热；三为表面爬电泄漏电流发热。当绝缘子性能良好时，其发热主要是第一项，当瓷绝缘劣化后，或为瓷件开裂，或在瓷盘上积污，均会使第二或第三项的泄漏电流加大而使发热增加，致使绝缘子温度升高。

综上所述，零值绝缘子的发热功率接近于零，红外热像显示其钢帽部分温度偏低；低值绝缘子的热像显示钢帽温度偏高，污秽绝缘子瓷盘表面温升偏高。

三、测量绝缘子表面污秽物的等值盐密

等值附盐密度简称等值盐密，其含义是把绝缘子表面的导电污物密度转化等值为单位面积上含有多少毫克的盐。"盐密"值应用于输变电设备划分污秽等级的根据之一，也是选择绝缘水平和确定外绝缘维护措施的依据。

等值盐密的测量方法是将待测瓷表面的污物用蒸馏水（或去离子水）全部清洗下来，采用电导率仪测其电导率，同时测量污液温度，然后换算到标准温度（20 ℃）下的电导率值，再通过电导率和盐密的关系，计算出等值含盐量和等值盐密值。

测量时应分别在户外能代表当地污染程度的至少一串悬垂绝缘子和一根棒式支柱绝缘子取样，而且测量应在当地积污最重的时期进行。

四、检测不良绝缘子的新方法

根据上述原理和电力事业发展的要求，近年来，国内外不断探索检测不良绝缘子的新方法，有的已研制出新的仪器并用于现场，有的尚处于实验室研究阶段，这些方法主要有以下几种。

（一）自爬式不良绝缘子检测器

用于500 kV超高压线路的自爬式不良绝缘子检测器，它主要由自爬驱动机构和绝缘电阻测量装置组成。检测时用电容器将被测绝缘子的交流电压分量旁路，并在带电状态下测量绝缘子的绝缘电阻。根据直流绝缘电阻的大小判断绝缘子是否良好。当绝缘子的绝缘电阻值低于规定的电阻值时，即可通过监听扩音器确定出不良绝缘子，同时还可以从盒式自动记录装置再现的波形图中明显地看出不良绝缘子部位。当检测V形串和悬垂串时，可借助于自重沿绝缘子下移，不需特殊的驱动机构。

（二）电晕脉冲式检测式

这是一种专门在地面上使用的检测器，它既可用于检测平原地区线路，也可用于检测山区线路，其特点：

（1）重量轻，体积小，电源为1号电池，使用方便、安全。

（2）不用登杆，在地面即可检测。

（3）先以铁塔为单元粗测，若判定该铁塔有不良绝缘子时，再逐个绝缘子细测。

（4）采用微机系统进行逻辑分析、处理，检测效率较高。

（三）电子光学探测器

电子光学探测器是应用电子和离子在电磁场中的运动与光在光学介质中传播的相似性的概念和原理［带电粒子（电子、离子）在电磁场中（电磁透镜）可聚焦、成像与偏转］制造的。

架空输电线路绝缘子串中每片绝缘子的电压分布是不均匀的，离导线最近的几片绝缘子上电压降最大。当出现零值绝缘子时，沿绝缘子串的电压将重新分布，离导线最近的几片绝缘子上的电压将急剧升高，会引起表面局部放电或者增加表面局部放电的强度。根据表面局部放电时产生光辐射的强度，就可知道绝缘子串的绝缘性能。

但是，电子光学探测器仅能判断出绝缘子串中是否存在零值绝缘子，不能确定到底有几片零值绝缘子以及零值绝缘子的位置。

第七节　接地电阻及跨步电压的测量

一、接地电阻的测量方法

在各种小型接地装置接地电阻的测试中，通常采用ZC-8型接地电阻测定器，这是一种体积小、重量轻、携带方便、准确度较高的仪表。

在大面积接地网接地电阻的测试中，通常采用三极法的电流—电压表法。近年来，有人提出了四极法、瓦特表法、功率因数表法和变频法等。

（一）ZC-8型接地电阻测定器

ZC-8型接地电阻测定器是利用补偿法测量接地电阻的。

ZC-8型接地电阻测定器由手摇发电机、电流互感器、滑线电阻、晶体管相敏放大电路及检流计等组成。全部机构装于铝合金铸造的壳内，仪表发电机的摇把以每120 r/min以上的速度转动时，即产生105～110 Hz的交流电流。

1.测量时的要求

（1）测量时被测的接地装置与避雷线断开。

（2）电流极与电压极应布置在与线路或地下金属管道垂直的方向上。

（3）应避免在雨后立即测量接地电阻，测量工作应在干燥天气进行，工作完毕后，应记录当时的气候情况，并画下辅助电流极和电压极的布置图。

（4）应反复测量3～4次，取其平均值。

2.采用测定器测量接地电阻的优点

采用测定器测量接地电阻的优点如下：

（1）测定器本身有自备电源，不需要另外的电源设备。

（2）测定器携带方便，使用方法简单，可以直接从仪器上读取被测接地体的接地电阻。

（3）测量时所需要的辅助接地体和接地棒，往往与仪器成套供应，而不需另行制作，从而简化了测量的准备工作。

（4）抗干扰能力较好。

其主要缺点是不能用来测量大面积变电所接地网的接地电阻。

（二）电流电压表法（三极法）

用电流电压表法测量接地电阻的接线中的自耦调压器是用来调节电压的，也可采用可调电阻等进行调压。电流电压表法所采用的电源最好是交流电源，因为在直流电压作用下，土壤会发生极化现象，使所测的数值不易准确。隔离变压器，是考虑到通常的低压交流电源是一火一地而设置的。有了隔离变压器后，使测量所用的电源对地是隔离的（不直接构成回路），若无此变压器则可能将火线直接合闸到被测接地装置上，使所需试验电源容量增大。电流辅助电极用来与被测接地电极构成电流回路，电压辅助电极用来取得被测接地的电位。

1.测量方法及注意事项

（1）对较复杂的接地电极，尤其是大面积地网，国内外至今均采用三极法，即电流电压表法。分析时假定：

①被测电极为半球体。

②电位极和电流极均是点电极。

③土壤电阻率理想均匀，电压表内阻无穷大。三个电极位于一条直线上。

（2）变电所接地网接地电阻实测结果分析实测数据可知：

①注入电流越大，测量越准确。

②用ZC-8型测定器测量比用电流电压表法测量得出的接地电阻数值要大，且误差随着接地网面积的增大而增大，这说明此时金属网络的感抗的影响不可忽略。

（3）应用电流电压表测量变电所接地电阻时注意事项：

①测量时接地装置宜与避雷线断开，试验完毕后恢复。

②辅助电流极，辅助电压极应布置在与线路或地下金属管道垂直的方向上。

③应避免在雨后立即测量接地电阻，测量工作应在干燥天气进行，工作完毕后，应记录当时的气候情况，并画下辅助电流极和电压极的布置图。

④采用电流电压表法时，电极的夹角应接近29°。

⑤如在辅助电流极通电以前，电压表已有读数，说明存在外来干扰，可调换电源极性进行两次测量。

⑥辅助电流极通电时，其附近将产生较大的压降，可能危及人畜安全，试验进行的过程中，应设人看守，不要让人畜走近。

⑦电源输入端应加设保险，仪器、仪表操作时宜垫橡胶绝缘。仪表读数后不宜带负荷拉掉调压器刀闸，防止电压梯度大，损坏仪表。

2.影响测量准确性的因素

影响电流电压表法测量准确性的因素：

（1）电流线与电压线间互感的影响。在现场应用三极法实测接地装置的接地电阻时，通常采用10 kV或35 kV的线路中的两相作电流导线和电压导线。电极的布置又常采用三角形布置或直线布置。当电极为直线布置时，由于两引线平行且距离又长，因互感作用，使电压导线上产生感应电压，为 $3\sim2$ V/（10A · km），该电压直接由电压表读出而引起误差，这就影响了测量准确度。

（2）零电位的影响。地网建立后，由于用电设备负荷的不平衡，产生单相短路，有可能引起三相电源不平衡，在地网中形成地网电位，其电位分布极不均匀，电源零线接地点及短路点的电位最高，于无穷远处逐渐下降为零，在这种高电位差的作用下，在地下产生频率、相位、峰值都在变化的零序电流，干扰着测量的准确度。

实测表明，工频干扰电流，在不同变电所，数值不同；在同一变电所，不同运行方式时数值也不同，甚至同一运行方式，而时间不同，数值也有区别。所以很难掌握干扰电流在某个变电所的具体变化规律。为提高测量的准确度，往往采用增大测试电流的方法。增大测试电流后，相应地提高电压极上测得的电压的数值，使其大于零电位$1\sim2$个数量级，从而可以忽略零电位的影响。

（3）气候的影响。接地网接地电阻的测量应选择在天气晴朗的枯水季节，连续无雨水天气在一周以上进行，否则测出的接地电阻数值不能全面反映实际运行情况。

温度也可能影响测量的准确性，有关单位跟踪测量证明，水平地网的温度影响较大，在夏季温度升高，土壤松弛地区的水分蒸发量增加，抵消了由于温度增加可能发生的电阻降低。在冬季，由于地下水位下降及冰冻的发生使得接地电阻增加，在带有水位的土壤内，交替的冰冻和融化造成逐渐累积的变化，在地表面下形成水平冰壳及很大的冰楔和冰体构造，土壤像岩石一样坚硬，土壤电阻率很高，不能准确测量出真实的接地电阻，一般在严重冰冻时不宜进行接地电阻测量。

（4）仪器、仪表及其他方面的影响。采用三极法测量接地网的接地电阻时，对仪器、仪表的要求很高，三相调压器对满刻度的要求为最大电流值，电压表要求为高内阻、高灵敏度的晶体管电压表，电流表最好选用精确度为0.5～1.5级的低阻抗的交流电流表，选用带灭弧装置的刀闸和三相转换开关，所用线路必须能承载最大调整电流。

接地网上与外界有电的联系的地埋及架空线路也会影响测量的精度，所以在实际测量中，尽可能地解除被测接地网上的所有与外界连接线路（如架空避雷线、地埋铠装电缆的接地点、三相四线制的零线、音频电缆、屏蔽层接地点等）。若无法将其解除时，可将未解除算在被测地网上，适当延长电流、电压线的长度，进行测量也可消除其影响。

接线敷设辅助电极及接线的接触电阻也会影响测量精度，所以一般要求接线截面大，电极与土壤良好地接触，在疏松土壤中可在电极四周浇灌一些水，使土壤湿润，达到消除接触电阻的影响。

二、接触电压与跨步电压的测量方法

接触电势是当接地短路电流流过接地装置时，在地面上离电力设备的水平距离为0.8 m处（模拟人脚的金属板），沿设备外壳、构架或墙壁离地的垂直距离为1.8 m处的两点之间的电位差。接触电压是指人体接触上述两点时所承受的电压。

跨步电势是指当接地短路电流流过接地装置时，在地面上水平距离为0.8 m的两点之间的电位差；跨步电压是人体的两脚接触上述两点时所承受的电压。

在测量接触电压时，测试电流应从构架或电气设备外壳注入接地装置；在测量跨步电压时，测试电流应在接地短路电流可能入接地装置的地方注入。

发电厂和变电所内的接触电压和跨步电压与通过接地装置流入土壤中的电流值成正比。

第八节　设备带电测温

测量运行中电气设备有关部位的温度是一种预防事故发生的措施。过去多采用的示温涂料、热标志元件等办法存在一定的缺点，如不能了解和周围温度的差别，不能与所通的电流相比较，长期使用会引起变色而不易看清，不能发现小的过热和温差等。红外线测温仪早期设备故障诊断起到了一定的作用。红外线测温仪器是一种红外线自动记录温度系统—红外线扫描仪。

一、对检测的要求

（一）检测状态

电力设备应处于正常运行状态下进行检测。

（1）正常的电力设备普查，最好安排在气温高，负荷重的季节前进行。以提高发现缺陷的辨别率和防止高温季节重负荷的条件下突发事故的发生。

（2）新建工程和改扩建的电力设备在正常投运一个月内进行一次红外测温检查，以作为启动验收的一项后续工作和基本摸底工作。

（3）对电力设备中高压互感器、电容套管、避雷器、耦合电容绝缘子串、支持瓷瓶等内部绝缘缺陷或劣化造成的价值损耗增大、受潮等引起的热分布场的变化所做的定性检测，应选用精密的红外热成像仪器，并应在晴朗的夜间进行测量，以提高仪器的准确判断能力。

（4）充油设备的油路不通或缺油及铁芯的磁路故障引起设备外表温度的异常，应根据红外热成像仪器所检测的温度图谱变化进行分析判断，如主变磁路故障造成外壳的局部温度变化，冷却器阀门关闭造成的温度变化，套管缺油或缺油被假油位蒙蔽等设备缺陷所引起的温度分布场的变化。

（二）不同电气设备的重点检测部位

根据电气设备运行特点和长期运行中的统计，容易发生故障的设备部位更应该着重测量。

（三）检测位置的选择

确定电气设备的检测部位后，检测人员还需要精心选择检测的位置，即选择放置检测仪器的测量点。检测位置的选择十分重要，它不仅影响检测的效果，而且也影响到以后对设备的温度管理。通常选择检测位置应遵循以下三条原则。

（1）位置固定。通常要选择一个能在较宽范围内看到各个被检测并可以检测其有关部位温度的适当位置。由于在电气设备的管理中，经常需要把同一设备相同部位在不同时期的检测结果进行历史的比较，以便掌握设备运行状况和故障隐患的发展变化情况。所以，检测应尽可能保障位置固定，高度相同和摄像角度不变，只有这样，在不同时期检测得到的数据才能具有可比性。

（2）距离适宜。任何红外诊断仪器都有一定的光学视场。对光机扫描式热像仪而言，通过瞬时视场的逐行扫描，构成整个目标测量视场（又称之为观察视场）。

（3）方向合理。除测量距离外，检测方向的选择也是十分重要的。当相对于受检目标的检测位置不变时，不仅影响到目标能否充满仪器的视场，而且也影响目标辐射的影响面。因此，在进行红外检测时，应该尽可能选择使检测仪器的光轴与受检目标辐射表面接近垂直的方向，并不宜大于45°。

当使用简单的红外测温仪检测电气设备的外部故障时，只要把测温仪的光学系统瞄准欲检测的设备部位，扣动开关，则可以得到该部位温度，并根据温度显示值对设备相应部位有无过热故障及故障严重程度做出判断。

在检测时，为了提高测量准确度，应该首先根据被测目标的温度状况，设置热像仪的温度范围，然后调整热像仪焦距，以便获得清晰的目标热像（如果同时记录目标的可见光图像，则也同时对可见光摄像装置调焦），并记录所需要的图像。

当对电气设备内部故障进行检测时，如果因热传递在设备外部产生了明显的温度异常，则可以从设备的外部热分布状态的红外热图像直接做出诊断；假如内部故障不太严重，或因发热功率较小与传热过程缓慢，设备外表面没有出现明显的特征性温度异常，则必须揭开设备外壳，以便直接检测各个感兴趣的部位。在检测过程中，既要注意设备本身整体温度场是否异常的"纵向比较"，又要注意同型设备间温度场差异的"横向比较"；既要考虑温度是否异常，还要考虑温升、温差、温度分布是否异常；既要检测外部故障，又要特别留意内部故障。在检测顺序上，通常采取"先粗后细，先大后小，先面后点"的原则。初步判断有无故障后再逐渐提高测量精度。在具体实施中，可以根据现场采取不同的做法首先安排检测最关键或最容易发生故障的设备，若有时间，再按照重要性或轻重缓急的顺序检测其余的设备。另外，先进行全面普查，然后在温度分布显示特别异常的地方再改变测温范围进行更精确的测量。也就是说，如果在受检设备的红外热图像中没有发现温度场的异常分布，则表明设备运行正常；假如在热像显示器上出现异常的温度分布（过热或过冷），则应该调节热像仪的测温范围，重新进行近距离的仔细观察和精确测量。

现场红外检测的速度取决于几个因素，其中包括工作人员相互配合的好坏，所用检测仪器的复杂程度和机动性，操作人员的技术技巧和熟练程度以及要检测的故障数量及其性质等。检测一个简单的电气设备通常只需要几秒钟，检测较复杂的设备一般几分钟就足够了。

在进行现场红外检测时，都必须严格遵守现场的安全规定，不得擅自操作、移动或接触正在运行的设备及其附属设备等。

二、对操作环境的要求

红外检测的环境条件，主要是指环境温度、湿度、气压、天气条件、周围环境等参数和要求。

（一）环境温度

一般要求0～40 ℃。温度的影响主要表现在：

低温——引起结冰，使材料收缩、变硬或发脆；油类黏度增大或凝固；产品的电性能或机械性能变坏（如密封失效、磨损或润滑性能改变）。

高温——使材料氧化、干裂、裂解或软化、熔化、升华；造成产品绝缘老化，电性能下降。密封润滑油滴漏，电缆头密封胶流失等。

温度突变——会使产品机械结构变形、开裂、瓷绝缘子破裂。在高湿度条件下，温度的突变，将使产品表面结露，加速潮湿的影响。

环境温度的恶劣，更易使故障暴露，此时进行红外检测，也有更有利的一面。

（二）环境湿度

一般要求不大于80%。湿度的影响主要表现在一定温度下，当空气中水蒸气含量增加时，潮气便渗透、扩散进入材料内部而引起产品理化性能的变化，例如，用作结构材料中的塑料，在受潮后变色、变形或膨胀，使产品外观变坏或发生机构失灵；又如，在绝缘材料受潮后，使产品电性能下降，绝缘电阻和电击穿强度降低，介质损失角增大等。

当空气中相对湿度到达90%以上或接近饱和时，遇到温度波动，将使材料表面水蒸气凝露形成水膜，引起材料的表面电阻下降，金合表面腐蚀，导致电工产品表面放电、闪络或金属结构件锈蚀失灵，电触点接触不良等现象。

当相对湿度为80%～90%、温度为25～30℃时，霉菌将迅速繁殖，它破坏产品的外观，同时使某些电子产品性能受到影响。

常用金属腐蚀的临界湿度是铁为70%～75%，锌为65%，铝为60%～65%；当超过临界值时，其腐蚀速度将成倍增加。

（三）海拔

一般要求低于1000 m。

海拔反映的是大气压力的影响，高原地区的气压随海拔增加而降低，气压过低将引起材料膨胀，从而造成容器变形或机械故障。海拔还使空气介电强度下降，造成开关灭弧困难，直流电机换向恶化；在高电压下低气压的空气容易放电，使绝缘子产生电晕。

海拔低于海平面的场所，气压将随深度增加而增高。在高气压环境中材料将被压缩变形，造成产品机械故障或密封性能降低失效。

（四）天气条件

一般要求阴天或晚间在无风、无尘的环境下进行。

太阳辐射的影响主要反映在两个方面：一是太阳光辐射对红外接收目标辐射波长的干扰；二是太阳辐射使被测目标物体温升增加，影响准确判断。

风力的影响设备缺陷发热的温度散热加快而影响判断。

尘埃的影响主要反映在被测目标的红外辐射电磁波受到干扰，影响测温的准确度和降低信噪比，从而掩盖可能被探测到的故障。

（五）周围环境

在现场进行红外诊断工作还要注意被测物体周围电力设备因发热而相互间产生热辐射，干扰测试精度，因此，工作时可通过改变不同角度测量进行分析判断。

在仪器的视场角和允许的有效距离范围内，应把目标最大限度地包括进去，避免在强磁场下测量，成像装置在强磁场环境工作，可能会使热图像发生比较严重的失真。

三、结果处理

对电力设备缺陷状态的准确判断并进行故障处理，是应用红外诊断技术的根本目标，把正常的设备判断不正常，或把有缺陷的设备判为正常，都会给电业生产的安全带来不必要的损失，因此，要提高准确判辨力，除了要加强基本能力和技术经验的提高外，必须掌握对设备诊断综合分析的基本方法和结果处理。

（1）对电力设备温度场的分布要与内部结构相联系，因此要建立设备正常状态下的温度分布场，同时结合环境和条件的变化进行分析判断。

（2）对电力设备外部表面的局部温度变化，要结合温度气候条件，负荷大小进行分析判断，对通过较大电流的设备通过红外检测一般可直接判断设备运行是否正常。

（3）与国家标准进行比较。目前，对红外测温还没有比较的标准和规程。

（4）与原始数据及上一次所测数据进行比较分析。在进行实测温度比较时，应换算到与上次所测数据相同条件下的温度变化进行分析判断。以便进一步掌握缺陷的起因，是属于应处理而未处理又未发展的缺陷，还是属于新出现的缺陷。

（5）与同类设备比较分析（横向比较法）。三相中不同相的相同设备同时出现故障的概率是极小的，运行中三相电流相等，因此，三相温升也应相等，据此，可测定三相设备的温度并进行比较，综合分析温差可能造成的设备缺陷。

（6）与本身的不同部位比较、分析（纵向比较）。对单节整体设备（如电容套管、高压互感器）正常情况下外表温度的分布是比较均匀和有规律的，当外表不同部位出现温差变化或异常，会反映出内部缺油、短路故障、绕组故障、磁路故障等，当整体温度升高，常会反映出受潮缺陷、介损值增大和线圈短路等。

对同相多节组合的电气设备，如高压避雷器、耦合电容器等，运行时在相同电流下温度应该是均匀分布的，当出现节间温差变化时，常反映出设备局部受潮，或避雷器有一节内部均压电阻受潮或开路等情况。

（7）相对温差的判断参考。相对温差作为判断依据的参考，在一般情况下，是有效和简便的一种方法，相对温差是因为导流设备各点的温度都与电流值的平方成正比关系，在三相平衡的条件下，相对温差排除了负荷电流的影响，直接反映了电阻值的变化。

（8）不同运行负荷下的温升换算。运行中的设备温度和运行负荷有着直接的关系，电流越大时间越长，设备的温度会越高，所以发现温度异常后，根据当时运行负荷的大小可以判定设备问题的严重程度。如果温度异常处的相对温升不算太高，但其运行负荷很小，反而更应引起足够的重视。因为一旦负荷增加，这些温度异常处的设备温度必然会急剧增加，从而导致事故的发生。因此，在进行测试工作的同时，一定要参照当时的运行负荷，并推算最大负荷的运行温度。

第三章　测量管理体系标准的理解与实施

第一节　测量管理体系标准

一、ISO 10012：2003标准概述

（一）ISO 10012：2003标准的由来和发展

《测量设备的质量保证要求第一部分：测量设备的计量确认体系》（ISO 10012-1：1992）是由国际标准化组织ISO/TC176/WG1工作组制定，于1992年1月15日正式发布的国际标准。

ISO 10012-1标准发布后，接着又在1997年由国际标准化组织ISO/TC176/WG1制定并发布了《测量设备的质量保证要求第二部分：测量过程控制指南》（ISO 10012-2）标准。

ISO 10012-1标准和ISO 10012-2标准发布后，我国先后于1995年和2000年将其转化成国家标准，发布了《测量设备的质量保证要求第一部分：测量设备的计量确认体系》（GB/T 19022.1-1994）和《测量设备的质量保证要求第二部分：测量过程控制指南》（GB/T 19022.2-2000）。

（二）ISO 10012：2003标准的制定

2000年12月25日，国际标准化组织经过修订发布了2000版ISO 9000族标准，并且将ISO 10012标准作为2000版ISO 9000族标准的组成部分，成为2000版ISO

9000族核心标准的支持性标准。此时的ISO 10012标准已将ISO10012-1：1992和ISO 10012-2：1997标准合并成为一个新的国际标准。2003年4月15日国际标准化组织正式发布了《测量管理体系》（ISO 10012：2003）国际标准。我国标准化行政管理部门等同转换为国家标准《测量管理体系 测量过程和测量设备的要求》（GB/T 19022-2003）后，并正式颁布实施。

（三）ISO 10012：2003标准的特点

（1）标准采用以过程为基础的管理模式。

（2）标准运用现代管理的理论，贯彻了八项原则。八项质量管理原则为：以顾客为关注焦点；领导作用；全员参与；过程方法；管理的系统方法；持续改进；基于事实的决策方法；与供方互利的关系。这八项（质量）管理原则形成了ISO9000族质量管理体系标准的理论基础。

（3）强调确保满足测量过程和测量设备计量确认的计量要求作为测量管理体系的总要求。

（4）确定和满足顾客的计量要求是计量职能部门的首要职责。

（5）术语及定义有新的扩展。

二、ISO 10012：2003标准条文的测量要求

（一）引言部分

引言不是ISO 10012：2003国际标准的正文，而是对标准涉及的一些重要问题的提示和说明。在本标准的引言部分着重说明了以下几个问题：

1.本标准要求建立测量管理体系的目的

（1）确保测量设备和测量过程适合于预期使用，以实现质量目标。

（2）对测量设备和测量过程给出的测量结果进行管理，对可能产生的不正确的结果进行控制，确保超差的风险降低到最低程度。

2.本标准要求建立的测量管理体系具有广泛的适宜性

主要表现在：

（1）从基准测量设备的检定到基层组织测量过程统计技术的具体应用。

（2）不同行业、不同企业、不同配备测量设备水平和具有不同要求的组织

均可以利用建立的测量管理体系满足其预期使用要求。

（3）适用于简单测量过程的一般控制到复杂或关键测量过程统计技术控制。

（4）本标准所指的测量过程可以做广义的理解，除常规测量活动外，还可包括如设计、试验、生产和检验中具有特有形式的测量过程。

（5）本标准要求建立的测量管理体系适用于各相关方，包括采购产品的外部顾客，提供产品的组织和从事质量、环境、安全管理体系认证和实验室认可的第三方。

（6）测量管理体系作为组织整个管理体系的一个组成部分，它不仅可作为ISO 9001：2000质量管理体系的组成部分，也适合于作为ISO 14001环境管理体系的组成部分，同时也可作为《职业健康安全管理体系要求及使用指南》（GB/T 45001–2020）职业健康安全管理体系的一部分。测量管理体系要求的测量设备计量确认和测量过程控制活动可以充分发挥以及体现出企业计量工作技术基础作用。

3.采用了过程方法和与质量/环境管理体系相类似的管理体系模式

本标准要求按照过程方法建立测量管理体系。测量管理体系和质量/环境管理体系类似，由管理职责，资源管理，计量确认和测量过程实现，测量管理体系、分析和改进等四大过程组成。

4.本标准对测量管理体系不仅规定了要求，还提供指南

ISO 9001：2000标准对质量管理体系只规定要求，ISO 10012：2003标准除实施要求外，还给出了指南。指南提供的内容有助于对标准条文内涵的理解，同时有时也指出了实施的具体方法，这样更便于本标准的贯彻实施。但是要明确指出，指南的内容仅供参考，提供相关信息，不能作为标准实施的依据。

（二）测量过程和测量设备的要求

ISO 10012：2003标准界定的范围：测量过程的管理，测量设备的计量确认。

标准明确规定通过对顾客提出的预期使用的测量要求的识别、理解和确定，为顾客的计量要求得到满足提供证据。因此，本标准的目的就是通过测量管理体系的建立、实施和持续改进，实现测量过程的管理和测量设备的计量确认，

用以支持和证明组织满足了顾客提出的计量要求，最终增强顾客满意。

引用标准所列出的标准ISO 9000：2000质量管理体系基础和术语、1993国际通用计量学基础术语所规定的有关质量管理和计量学术语是制定ISO10012：2003标准文本采用的术语。因此，上述两个文件就成为制定ISO 10012：2003国际标准的理论基础。建立、实施、保持和持续改进质量管理体系是ISO 9001：2000国际标准对质量管理体系的总要求。按照现代质量管理的理论，要成功地领导和运作一个组织，必须以系统和透明的方式进行管理。针对ISO 10012：2003标准测量管理体系的总要求如何来理解测量管理体系的建立、实施、保持和持续改进。

ISO 10012：2003标准要求建立测量管理体系的组织应规定计量职能。计量职能部门的设置可以采用集中管理的单独职能部门，也可采用分散管理的多个职能部门。

为了贯彻以顾客为关注焦点的原则，标准对负有计量职能的管理者[可理解为计量主管，如计量处（科）长，计控室主任或计量室主任]提出了以下要求：

（1）识别和确定顾客对测量的要求并转化成计量要求。

（2）计量职能部门的测量能力应满足内部顾客的要求。

（3）测量管理体系满足顾客规定要求必须向外部顾客或第三方认证机构提供可靠的证据。

负有计量职能的管理者应参照企业总的质量方针和质量目标，根据本企业计量工作的现状，通过识别和分析，制定出适合于测量管理体系的质量目标。为了制定切实可行的质量目标，使制定的质量目标具有可测量性或可审核性，最好事先确定测量管理体系质量目标的评价准则，形成相应的程序文件。最高管理者按策划的时间间隔对测量管理体系进行系统的评审，确保其持续的充分性、有效性和适宜性。负有计量职能的管理者应利用管理评审结果对测量管理体系和质量目标进行必要的改进，计量职能部门对管理评审的结果及所采取的措施应进行记录。

ISO 10012：2003标准测量管理体系所涉及的资源包括人力资源、信息资源、物质资源和外部供方。信息资源中还包括程序、（测试）软件、记录和校准状态标识。物资资源中还包括测量设备和环境条件。

在ISO 10012：2003标准中将人力资源、信息资源、物质资源和外部供方集中描述也有助于测量管理体系的建立和实施。计量确认过程和测量过程实现是测量管理体系四大过程中最主要的过程，也是获得直接增值的基本过程。计量确认过程是通过测量设备的校准或检定，规定适当的校准/检定间隔（周期），确认测量设备给出的测量结果有效并贴有校准/检定合格标识，表示测量设备可用的一系列过程。计量确认过程是实现任何测量过程的基础。只有利用计量确认合格的测量设备方可确保满足测量过程的计量要求。因此，计量确认过程是实现测量过程的基础和前提。

测量管理体系分析和改进是组成测量管理体系四大过程之一，通过对测量管理体系各过程的现状分析和评价，识别和发现测量管理体系的不合格或异常，并针对产生不合格或异常的原因，制定纠正措施或预防措施，以实现测量管理体系的持续改进。测量管理体系的分析和改进包括：测量管理体系的监视、分析和改进的策划和实施的总原则；测量管理体系的审核和监视；不合格控制和测量管理体系的改进。

第二节　测量管理体系文件的编制

一、ISO 10012：2003标准对测量管理体系文件的要求

（一）体系文件的总体结构与文件的作用

1.质量管理体系文件结构

ISO 10012：2003标准是ISO 9001：2000标准的支持性标准，一个组织的测量管理体系也可以是质量管理体系的子体系。因此按照ISO 10012：2003标准建立的测量管理体系文件结构应尽可能与质量管理体系文件结构相协调，这样有利于测量管理体系和质量管理体系协调地运行，也可以利用现有的质量管理体系文件进行充实和完善。

2.测量管理体系与质量管理体系的兼容有利于利用现有文件

鉴于测量管理体系（MMS）与质量管理体系（QMS）可以兼容，在MMS文

件建立过程中应充分地利用QMS文件，以节省重复编写文件的时间，也便于MMS与QMS两个体系文件的协调。

3.体系文件的作用和价值

测量管理体系和质量管理体系二样，形成文件的测量管理体系具有以下作用：

（1）满足ISO 10012：2003标准的MMS形成文件的要求，将测量管理体系的各项要求和规定形成文件，便于贯彻实施。

（2）为了向测量管理体系有关的人员提供培训所需的文件，作为员工培训教材，以统一有关员工的认识。

（3）可作为测量管理体系内部审核和管理评审的依据，也可作为组织接受第二方或第三方外部审核的依据。

（4）通过文件的修改和完善，实现测量管理体系的持续改进。

（5）作为质量活动结果的记录文件可确保结果，特别是测量结果的重复性和可追溯性。

作为测量管理体系活动依据的测量管理体系（MMS）文件应起到"统一行动"的作用；而作为测量管理体系活动证据的MMS记录应起到上下之间、部门之间、内部与外部之间的沟通作用，达到"沟通意图"的目的。

（二）ISO 10012：2003标准要求"形成文件"的条款

ISO 10012：2003标准中有许多地方要求形成文件，包括程序文件、作业文件、准则和记录。现按照条款的顺序列出：计量职能、质量目标、管理评审、人员职责、能力和培训、程序、软件、记录、测量设备、环境条件、外部供方、计量确认总则、确认间隔、设备调整控制、计量确认过程记录、测量过程总则、测量过程设计、测量过程实现、测量过程记录、测量不确定度、溯源性、测量管理体系审核、测量管理体系监视、不合格测量设备、纠正措施、预防措施。

综上所述，明确要求制定程序文件的有6个，要求形成文件的有12个，要求形成记录的有8个。

（三）测量管理体系文件的编制必须遵循八项原则

八项原则是制定ISO 9000：2000族标准，包括ISO 10012：2003标准的理论基础，也是建立、实施、保持、审核、评审管理体系的基本原则。因此，编制测量管理体系文件必须认真学习和理解，并严格遵循八项原则。

按照系统论的原理来看，八项原则中管理系统的方法有助于从总体上理解由四大过程组成的测量管理体系，识别和理解过程与过程之间的相互关系、相互作用以及管理职能的分配与分工，这对获得测量管理体系文件的总体策划来说是必不可少的。

二、测量管理体系文件的总体设计

（一）测量管理体系文件编制计划的制定

测量管理体系文件的总体设计或测量管理体系（MMS）的策划包括：

（1）MMS文件的类别。

（2）文件编制和修订时间安排。

（3）编写人员的要求及分工。

（4）现有文件的收集和利用。

最后形成测量管理体系（MMS）文件的编制计划（含日程表和人员分工）。

（二）测量管理体系文件清单

测量管理体系文件应包括典型的MMS文件、外来文件和技术文件。外来文件是指国家质量技术监督部门或行业主管部门制定和颁布的法规性文件；国家计量检定规程，国家计量技术规范，测量设备校准规范以及行业主管部门或地方发布的计量法规文件。外来文件还包括测量设备制造商/经销商编制的规范或指南。技术文件指：有测量要求的设计工艺文件，自编校准规范。典型的测量管理体系（MMS）文件包括：

（1）测量管理体系（MMS）手册或计量管理手册。

（2）MMS通用程序文件。

（3）MMS推荐性程序文件。

ISO 10012：2003标准对MMS手册或计量管理手册未提出明确要求，其内容可纳入企业质量管理手册。但是，考虑到我国企业的具体情况，最好按照ISO10012：2003标准条款，单独编制计量管理手册，这对大中型企业可能比较适合。

三、文件的审批和修订

（一）文件的审核、批准和发布

（1）计量管理手册。其可由计量职能部门主管负责人审核，组织最高管理层主管计量工作负责人批准。

（2）程序文件。其可由基层部门负责人审核，计量职能部门主管负责人批准。必须强调文件批准的严肃性。文件经审核、批准和发布后在组织内部就成为法定性文件，必须强制执行。应防止负责人不认真审查文件就签字，更不能不看文件内容就签字，防止审批人推卸责任。

（二）文件的实施和修订

MMS文件经过批准发布后，MMS有关人员就应贯彻实施。在文件的贯彻实施过程中，即使编制得很好的文件，通过MMS运行难免也会修改，不可能保证文件不修改。文件的修改符合理论与实践的辩证关系，也是体系文件甚至整个体系持续改进的具体体现。测量管理体系的内部审核或管理评审都可能会碰到文件的修改。但是，文件修改必须按文件控制程序进行。

第三节　审核与测量管理体系审核的分类与原则

一、审核及其分类

（一）审核的定义

按照《管理体系审核指南》（GB/T 19011–2021）的规定，所谓"审核"是指："为获得审核证据并对其进行客观的评价，以确定满足审核准则的程度所进行的系统的、独立的并形成文件的过程。"该定义满足了包括质量管理体系审核、环境管理体系审核和其他相关管理体系审核各自的需要，同时特别适合于不同管理体系"联合审核"和"结合审核"的要求。

从以上新的定义中可以看出：

（1）审核是一种评价。审核工作是评价活动。审核是对审核过程和审核发现（将收集到的审核证据对照审核准则进行评价的结果）进行评价。

（2）审核的目的是通过获得审核证据，确定满足审核准则或审核依据的程度。根据审核证据确定是充分满足，还是基本满足，还是没有满足审核准则的要求。

（3）审核所做出的评价必须是独立的、公正的、客观系统的和形成文件的过程。从以上可以看出，审核是一种客观评价功能，其目的是根据审核证据确定管理体系是否满足审核准则的要求。这种活动必须独立地、公正地进行客观的评价。

（二）审核的分类

这里所说的审核主要是指对各种管理体系的审核。通常可按照审核的领域、审核对象和审核主体来划分。

1.按审核涉及的领域分类

按照审核涉及专业学科领域，管理体系审核主要分为：

（1）质量管理体系审核。

（2）环境管理体系审核。

（3）职业健康安全管理体系审核。

（4）食品/药品安全管理体系审核。

（5）测量管理体系审核。

2.按审核涉及的对象分类

按照质量审核的对象，还可以划分为：

（1）质量管理体系审核。

（2）过程质量审核。

（3）产品质量审核。

（4）服务质量审核。

通常所说的质量审核主要指质量管理体系审核。

3.按审核的主体分类

按照实施管理体系的主体，可分为：

（1）第一方审核是由实施贯标组织的最高管理者或授权的管理者代表任命的审核组对本组织各部门所进行的审核，也叫作内部审核。

（2）第二方审核包括顾客派出审核组到本组织有关部门所进行的审核，以及本组织派出审核组到提供产品或服务的供方组织进行的审核。这两种形式的审核均属于第二方的外部审核。

（3）第三方审核是由国家认可的质量或环境管理体系认证机构或有关国家行政主管部门认可的机构对申请管理体系认证的组织所进行的审核。这种审核不代表顾客也不代表贯标组织，是由认证机构派出的体系审核组代表第三方公正地位所进行的审核。第三方审核也属于管理体系的外部审核。所以外部审核有第二方外部审核和第三方外部审核。

二、审核准则

（一）审核准则的定义

所谓"审核准则"是指"一组方针、程序或要求"。在其定义的注释中指出：审核准则是用作与审核证据进行比较的依据。因此，审核准则也可以理解为审核的依据。审核准则可包括适用的方针、程序或要求。上述"要求"可以是标准的要求、法律法规的要求、管理体系的要求、顾客合同的要求和行业规范的要求，等等。

（二）不同管理体系的审核准则

虽然不同管理体系审核准则的定义是相同的，但是管理体系依据的审核准则并不是完全相同的，各个管理体系的审核准则，其内涵是本管理体系所特有的。

现将各个管理体系所依据的审核准则举例说明如下：

1.质量管理体系的审核准则

（1）《管理体系审核指南》（GB/T 19011–2021）标准。

（2）相关的国家+行业+产品标准或企业产品标准。

（3）贯标组织的质量管理体系文件，包括质量手册、程序文件与作业文件。

（4）合同及其附件或顾客提供的文件。

（5）组织的设计、技术或工艺文件。

（6）与质量有关的法律法规。

2.环境管理体系的审核准则

（1）《环境管理体系要求及使用指南》（GB/T 24001-2016）。

（2）国家环境保护标准目录清单所列有关的环境保护标准。

（3）贯标组织环境管理体系文件，包括有关环境方针、环境目标的有关文件。

（4）国家环境保护法律、法规、规章及条例。

（5）组织制订的旨在实现环境目标和指标的环境管理方案。

3.测量管理体系的审核准则

（1）《测量管理体系 测量过程和测量设备的要求》（GB/T 19022-2003）标准。

（2）贯标组织的测量管理体系文件，包括手册、程序文件和操作文件。

（3）国家计量法律法规，如计量法及实施细则，计量器具国家强检目录，国家法定计量单位，计量器具定型鉴定和型式批准鉴定，计量器具制造、修理许可证监督管理办法和定量包装商品计量监督规定等。

（4）国家计量检定规程、国家计量技术规范等规范性技术文件。

（5）组织内规定有顾客测量要求的设计工艺文件和检验及试验文件。

三、审核方案

（一）审核方案和审核计划的定义

"审核方案"是指"针对特定时间段所策划，并具有特定目的的一组（一次或多次）审核。"注释中指出："审核方案包括策划、组织和实施审核所必要的所有活动"。

"审核方案"是修订后重新颁布的《管理体系审核指南》（GB/T 19011-2021）国家标准新出现的术语，它与"审核计划"是有区别的，但又是密切相关的。

1.审核方案

审核方案是一组审核（可以是一次，也可以是多次，而且往往是若干次）。但是审核方案不是各次审核计划的简单相加。根据受审核组织的规模，性质和复杂程度，一个审核方案可包括某一时间段（例如，一年内或半年内）所进行一次或多次内部审核，这个审核方案所覆盖的是一年或半年内的时间段所要进行的一组内部审核。

2.审核计划

审核计划是"对一次审核活动和安排的描述"。审核计划是按照一个组织（年度或半年）审核方案事先的安排，针对即将进行的一次审核活动的具体安排。审核计划与审核方案的关系可理解为"大计划"与"小安排"的关系。因为审核计划是针对一次审核活动的安排，因此，审核计划必须具体地规定该次审核的目的、审核的范围、审核的准则、受审核的部门，以及在审核计划期限内的日程安排和审核组成员的分工。因此，审核计划也就是审核计划日程表。

（二）联合审核和结合审核

当质量管理体系和环境管理体系被一起审核时，称为"结合审核"；当两个或两个以上审核组织合作，共同审核同一受审核方时，这种审核称为"联合审核"。

四、审核原则

审核原则是指作为审核特征必须遵循的原则，也就是审核员及其所进行的审核活动应遵守的原则。审核原则与作为审核依据的审核准则不同，审核原则是对审核员本身的素质、能力的要求和从事的审核工作所规定的原则。审核原则主要有5项：

（1）道德行为：职业的基础。

（2）公正表达：真实地、准确地报告的义务。

（3）职业素养：在审核中勤奋并具有判断力。

（4）独立性：审核的公正性和审核结论客观性的基础。

（5）基于证据的方法：得出可信和可重现审核结论的合理方法。

审核原则是体现审核特征，确保不同的审核组和/或审核员对类似的管理体系审核，得出相似审核结论的原则。各个国家认可的管理体系认证机构共同遵守约定的审核原则，是国际上对管理体系认证证书相互承认的基础，也就是各国管理体系认证机构遵循审核原则所要达到的目的。

五、测量管理体系审核

测量管理体系是一个企事业单位或组织整个管理体系的组成部分，是其管理体系的一个分支体系。目前，我国进行管理体系运作的大多数企事业单位或组织所申请的是质量管理体系的认证审核；有少部分企事业单位或组织申请的是环境管理体系的认证审核。

第四节 计量检测体系的确认

一、概述

计量检测体系与测量管理体系在体系的结构和基本要求方面基本相同，但在体系覆盖的范围上有所区别。计量检测体系强调全面覆盖质量管理、经营管理、节能降耗、安全监测和环境监测这五个方面的"数据管理"，也就是说计量检测体系必须包括以上五方面所配备的测量设备及其检测数据的管理。ISO 19012：2003国际标准所述的测量管理体系覆盖的范围可以包括质量、环境和安全等方面的测量设备以及测量过程的控制，但一般不涉及内部经营管理，如节能降耗、成本核算等方面所用的测量设备和测量过程。因此，内部经营管理所配备的测量设备和有关的测量过程不属于测量管理体系的审核范围，除非受审核方与审核委托方事先有书面约定。

二、《计量检测体系确认规范》（JF1112-2003）的确认要求

（一）组织的计量检测体系的计量检测能力要求

按照《计量检测体系确认规范》（JF1112-2003）的要求，一个完善的计量检测体系的企业应能保证满足顾客、法律法规和组织自身经营管理的要求，确保通过认证后的计量检测体系的测量设备管理和测量过程控制具有与组织生产经营相适应的计量检测能力，并能防止和控制由于测量设备管理和测量过程控制失控带来的风险，从而确保企业能提高产品质量，加强安全、环境和能源管理，增强计量检测工作在整个企业经营管理中的基础地位。

《计量检测体系确认规范》（JF1112-2003）包括计量检测体系要求和计量检测体系确认两部分内容，提出了对计量检测体系的通用要求；同时规定了计量检测体系确认的基本方法。

《计量检测体系确认规范》（JF1112-2003）规定的计量法制要求、技术能力要求和质量管理要求是通用的，旨在适用于各个行业、不同类型、不同规模和提供不同产品与服务的组织，并满足不同组织生产经营、质量管理、环境管理、能源管理和安全管理等各项管理对计量管理的要求。

《计量检测体系确认规范》（JF1112-2003）所规定的确认方法和程序主要适用于计量检测体系第三方审核，即由国家质量监督检验检疫总局授权组建的考评组（审核组）对建立计量检测体系的企事业单位或组织实施独立公正的第三方（考评）确认。

需要对建立的计量检测体系实施内部审核。对那些迎接和准备处理申请计量检测体系的第三方机构或监督抽查的企业也可以用本规范的要求作为参照，从而使该企业建立的计量检测体系能顺利地通过计量检测体系第三方的确认，最终该企业就能争取获得或保持国家质量监督检验检疫总局的《完善计量检测体系确认合格证书》。

《计量检测体系确认规范》（JF1112-2003）"组织的计量检测体系应符合规定：《中华人民共和国计量法》以及相关的法律、规章和技术规范规定的要求。法制要求是按现行的计量法律法规，其随后如有修订，则按修订后的要求实施"。

《计量检测体系确认规范》（JF1112-2003）的计量法制要求主要涉及计量

单位、计量人员、计量标准、强制检定和特定要求几个方面。

《计量检测体系确认规范》（JF1112-2003）规定，"组织的计量检测体系的计量检测技术能力和技术水平应满足顾客、组织和法律法规对计量的要求"。

计量检测能力是指一个组织的计量检测体系满足顾客要求，相关法律法规要求和计量职能自身要求的能力。计量检测能力具体说来包括计量检测设备配备、计量检测人员、计量检测方法和计量检测的环境条件。

按照《计量检测体系确认规范》（JF1112-2003）的要求，组织的计量检测体系的计量检测能力应满足以下要求：

（1）质量管理对过程和产品的监视和测量的要求。

（2）环境管理对环境的监视和测量的要求。

（3）职业健康安全管理对职业健康安全的监视和测量的要求。

（4）经营管理、能源管理和安全生产管理等对测量设备和测量过程的要求。

在对计量检测体系进行确认时，还应评定其技术水平，例如：

①在需要时，组织应采用先进的计量检测技术和计量检测设备，以满足组织的生产、经营和管理对计量检测的要求。

②在可能时，组织应采用计算机和信息技术管理计量检测体系及计量检测数据。

计量检测体系的技术要求往往体现在管理要求之中，在ISO 19012：2003标准的许多条款中，特别是在计量确认和测量过程实现过程与资源管理过程中都涵盖了技术要求。

计量检测体系是参照《测量管理体系测量过程和测量设备的要求》（GB/T 19022-2003）测量管理体系国家标准，根据我国计量法律法规有关规定并结合我国多年来开展指导和帮助企业完善计量管理积累的经验所规范的一系列管理要求而形成的。计量检测体系强调覆盖质量管理、经营管理、能源管理、安全监测和环境监测管理等方面的"数据管理"。因此，ISO 19012：2003测量管理体系标准规定的要求也可理解为计量检测体系的质量管理要求。

（二）ISO 19012：2003国际标准的测量管理体系要求

ISO 19012：2003标准所规定的测量管理体系要求主要是对测量过程和测量

设备的要求。ISO 19012：2003国际标准共8章，包括范围、引用标准、术语及定义、总要求、管理职责、资源管理、计量确认和测量过程的实现、测量管理体系分析和改进。

（三）计量检测体系的确认要求

国家标准《管理体系审核指南》（GB/T 19011–2021）不仅适合于组织的质量管理体系和环境管理体系审核，而且也适合于职业安全健康管理体系和食品安全管理体系审核，同时也适合于测量管理体系或计量检测体系审核。《计量检测体系确认规范》（JJF 1112–2003）将计量检测体系"审核"称为计量检测体系"确认"，以保持企业完善计量检测体系确认工作的连续性。

三、计量检测体系确认活动

计量检测体系确认活动包括完成计量检测体系确认（审核）的实施计划所规定的一系列活动。计量检测体系确认活动通常包括以下7项活动：

（1）确认的启动。

（2）文件评审。

（3）现场确认前的准备。

（4）实施现场确认。

（5）确认报告的编制、批准和发布。

（6）实施确认后续活动。

（7）确认后的监督。计量检测体系合格证书的有效期为5年。

第五节　测量管理体系内部审核流程

一、测量管理体系外部审核形式

按照测量管理体系审核的主体，测量管理体系审核可分为第一方内部审核；顾客对贯标组织或组织对供方进行的第二方外部审核和体系认证机构，或国家机构系统认可的机构进行的第三方外部审核。

（一）第三方外部审核

在我国测量管理体系第三方外部审核实现的形式就是计量检测体系确认。目前，在国家质量监督检验检疫总局及国家认证认可监督管理委员会下成立的质量和（或）环境管理体系认证机构认可委员会已认可和批准了100多家质量与环境管理体系认证机构。

（二）第二方外部审核

测量管理体系第二方外部审核包括以下两种方式：

顾客或其委派的审核员到供货的组织按照《测量管理体系测量过程和测量设备的要求》（GB/T 19022-2003）国家标准的要求对供方计量职能部门及其相关部门进行审核。审核员通过现场审核和测量管理体系文件的抽查，做出计量管理水平的总体评价，为以后采购供货方的产品提供技术数据类型的依据。

第二方外部审核的范围可以是测量管理体系覆盖的全部范围，也可以是局限于对其供货质量直接有关的部门或产品。

二、测量管理体系内部审核特点

测量管理体系内部审核（即第一方审核）与第二方和第三方外部审核相比较，具有不同的特点。测量管理体系内部审核的基本特点可概括如下：

（1）测量管理体系内部审核由企业具有计量职能的管理者推动。

（2）测量管理体系内部审核由具有资格的内部审核员进行。

（3）测量管理体系内部审核的目的具有多样性。

（4）测量管理体系内部审核的范围应适应不同的外部审核的要求。

（5）内部审核只在进行测量管理体系审核后可以对受审核部门提供咨询。

（6）内部审核的程序比第三方外部审核程序要简化。

（7）内审组对测量管理体系文件评审不强求单独进行。

（8）测量管理体系审核更注重纠正措施的制定及其实施有效性的验证。

三、测量管理体系内部审核的目的、范围和准则

（一）测量管理体系内部审核的目的与范围

按照不同管理体系内部审核的方案，根据面临的审核主体，测量管理体系内部审核具有不同的目的和范围。

（1）为了迎接质量管理体系认证机构按照《质量管理体系要求》（GB/T 19001-2016）国家标准进行初审或监督审核。

（2）为了迎接计量检测体系确认实施组织进行确认（第一次、第三方外部审核）或监督检查。

（3）测量管理体系例行内部审核。

（二）测量管理体系内部审核的准则

根据内部审核的目的不同，应依据相应的审核准则。

1.质量管理体系内部审核准则

（1）国家标准《质量管理体系要求》（GB/T 19001-2016）。

（2）质量管理体系文件，包括监视和测量装置控制有关的程序文件和作业文件。

（3）计量检定规程、计量技术规范等国家计量法律法规。

2.计量检测体系内部确认（审核）准则

（1）国家标准《测量管理体系测量过程和测量设备的要求》（GB/T 19022-2003）。

（2）《计量检测体系确认规范》（JJF 1112-2003）。

（3）计量检测体系（或测量管理体系）文件。

（4）计量检定规程、计量技术规范等国家计量法律法规。

3.测量管理体系内部审核准则

（1）国家标准《测量管理体系测量过程和测量设备的要求》（GB/T 19022-2003）。

（2）测量管理体系文件。

（3）国家计量法律法规。

以上审核准则可作为测量管理体系内部审核的依据。而审核原则是审核员进

行审核活动，包括测量管理体系内部审核活动应遵循的基本原则。

四、测量管理体系内部审核原则

测量管理体系内部审核原则包括与内部审核员有关的原则和与内部审核活动有关的原则。与内部审核活动有关的原则：内部审核员来自一个组织的各个部门，在内部审核活动中应独立于自己的工作部门及其活动。内部审核员在审核过程中应保持客观心态，保证内审组得出的审核发现和审核结论是建立在客观的审核证据的基础之上。内部审核员在审核过程中不应带任何偏见，与受审核部门及其工作没有利益上的关系或冲突。审核证据是与审核有关，并且能够真实地记录、事实陈述或其他信息。内部审核员的判定、内部审核组得出的审核发现和审核结论必须严格建立在客观存在的审核证据的基础之上。不能凭内部审核员个人的猜想、联想或推想的结果作为内部审核过程中的审核证据。

五、测量管理体系内部审核流程

测量管理体系内部审核的程序及步骤与第三方外部审核相比，审核步骤相似，但程序简化。测量管理体系内部审核的流程大体包括以下几个阶段或步骤：策划（和/或审核启动）；准备（含文件评审）；实施（含各种会议和现场审核）；结论（含内部审核报告）；后续活动（含纠正/预防措施的制定、实施和跟踪验证）；方案的评审和改进。

（一）内部审核策划（和/或审核启动）

1.测量管理体系内部审核策划

测量管理体系内部审核策划与第三方外部审核策划或计量检测体系确认实施组织的国家级确认不同，根据我国通过计量检测体系确认或测量管理体系外部审核和质量管理体系认证机构第三方外部审核组织的经验，审核策划应做好以下四项工作：

（1）最高管理层的重视与参与。

（2）计量主管人员或管理者代表的领导。

（3）职能部门或指定专人具体承办内部审核具体事务。

（4）建立有能力的内审员队伍。

2.制订内部审核方案和内部审核计划

审核方案是指"针对特定时间段所策划并具有特定目的的一组（一次或多次）审核"。一个组织的审核方案是针对审核目的、审核主体和受审核方在一定时限内应进行的内部、外部审核（包括第一方、第二方和第三方审核）的总体安排，以节约审核资源，提高审核工作的效率和效益。

测量管理体系内部审核方案可采用以下形式：

（1）测量管理体系内部审核与质量管理体系内部审核同时进行，将测量管理体系作为质量管理体系的一部分进行审核，按照质量管理体系内部审核日程进行时间安排；将测量管理体系内部审核纳入组织整个管理体系的审核方案。

（2）测量管理体系内部审核单独安排、独立进行，并纳入组织整个管理体系的审核方案，在时间安排上不能与其他管理体系审核相冲突。单独安排测量管理体系内部审核，从审核广度和审核深度上来说更适当，效果更好。

审核计划是指"对一次审核活动和安排的描述"。测量管理体系内部审核计划是针对某一次准备进行的内部审核活动事先通过策划做出的安排。不同时期的内部审核可能有不同的审核重点，可能具有不同的审核目的。

因此，在对测量管理体系每次进行内部审核之前，应根据组织整个管理体系审核方案和面临的内部审核任务，制订具体的内审计划，确定审核的目的和重点。不同时期的内部审核可能有不同的目的和重点。

（二）测量管理体系内部审核准备

测量管理体系内部审核策划意味着内部审核的启动；但是要进入测量管理体系内部审核的实施，还需要做必要的准备，这就是测量管理体系内部审核的准备。内部审核准备是测量管理体系内部审核策划和实施审核的过渡阶段，也是顺利地进行现场审核的基础活动，是确保现场审核取得成功的重要条件。

测量管理体系内部审核准备包括：

（1）组成内审组，明确内审员分工。

（2）编制内部审核检查表。

（3）对测量管理体系文件进行初审。

（4）准备内部审核工作文件。

（5）发出内部审核通知，约定内部审核具体时间。

（三）测量管理体系内部审核的实施

1.内部审核实施的内容和重点

测量管理体系内部审核实施包括召开各种会议和现场审核。

在内部审核实施过程中召开的会议有：首次会议、末次会议、内部审核组的内部会和与受审核方的沟通会。

在内部审核实施过程中，除了要举行各种会议之外，就是到各个受审核部门或场所进行现场审核。因此，测量管理体系内部审核实施的主要活动就是现场审核。在测量管理体系内部审核实施期间，内部审核组特别是组长应该掌握的重点是：从首次会议到末次会议和内部会及沟通会等各种会议的目的和内容；现场审核过程中收集审核证据的方法、方式和技巧；测量管理体系全面评价的原则要点和方法。简要说来，就是："开好会议、现场取证、评价体系"。

作为内部审核组的组长，其应特别清楚地了解测量管理体系内部审核实施的内容，掌握和控制好内部审核实施过程中现场审核的重点。

2.测量管理体系内部审核实施步骤

按照测量管理体系内部审核程序，审核实施的具体步骤和要点归纳如下：

（1）首次会议。

（2）现场审核的方法、方式。

（3）现场调查取证。

（4）确定不合格项，编写不合格报告。

（5）汇总分析审核发现，全面评价测量管理体系。

（6）末次会议。

（7）编写内部审核报告。

（8）制定纠正措施和预防措施。

（四）测量管理体系内部审核活动的后续与跟踪

1.测量管理体系内部审核后续活动

测量管理体系内部审核后续活动包括：

（1）由责任部门根据内部审核组开具的不合格报告，分析产生不合格的原因。

（2）内部审核员对责任部门分析产生不合格原因时可提供指导和帮助，使不合格原因分析全面、正确。

（3）责任部门通过产生不合格的原因分析，找准了产生不合格的主要原因后，制定切实可行的纠正措施。

（4）责任部门在完成纠正措施并确认有效后提请内部审核组或测量管理体系主管职能部门对纠正措施实施的有效性进行现场确认。

（5）经内部审核组或测量管理体系主管职能部门现场确认纠正措施有效，可认为不合格项"关闭"，如果经过现场确认纠正措施未达到预期的效果，可能要求责任部门采取进一步的纠正措施，或预防措施。

2.纠正措施和预防措施

（1）纠正。按照《质量管理体系基础和术语》（GB/T 19000–2016）国家标准的规定，纠正是指"为消除已发现的不合格所采取的措施"。

对于测量管理体系来说，对已判为不合格的测量设备采取的修理、调整或报废措施都可认为是对不合格测量设备采取的不合格处置措施。纠正就是对不合格的处置纠正属于就事论事，不去追究为什么产生不合格，不深入具体地分析产生不合格的原因。

（2）纠正措施。按照《质量管理体系基础和术语》（GB/T 19000–2016）国家标准的规定，纠正措施是指"为消除已发现的不合格或其他不期望情况的原因所采取的措施"。纠正是针对不合格，是消除不合格所采取的处置措施；纠正措施是针对产生不合格的原因，是消除不合格原因，包括消除不合格在内所采取的措施。

在进行纠正的过程中，如果某操作工使用的测量设备经常需要进行修理，或者多次要进行调整，则应寻找和分析产生不合格的原因。产生这种不合格的原因可能是多方面的，即可能有若干个原因。例如，可能是操作工未经过培训，使用不当造成测量设备损坏，需要修理或调整；可能是测量设备本身性能不好；可能是使用测量设备的环境条件不符合规定的要求；可能是管理者对操作工使用测量设备缺乏监督检查。

只有对产生不合格的原因进行认真和全面的分析，找准产生不合格原因，才可能消除这类多次或反复产生的不合格。纠正是消除不合格，而纠正措施是消除产生不合格的原因。

83

（3）预防措施：按照《质量管理体系基础和术语》（GB/T 19000-2016）国家标准的规定，预防措施是指"为消除潜在不合格或其他潜在不期望情况的原因所采取的措施"。预防措施是针对虽然目前没有产生不合格，但有可能产生不合格或者有迹象表明，可能会产生不合格，从根本上防止和避免产生不合格所采取的措施。

在采取纠正措施的过程中，如果事先采取了预防措施，例如从经过评定合格甚至优秀的生产厂家采购质量稳定、性能好的测量设备；使用测量设备的操作工经过认真严格的培训和考核；制定测量设备使用操作规程；经常检查操作环境条件，确保对测量设备不造成不利的影响；管理者深入现场对测量设备使用人员进行监督检查或指导。采取上述一系列预防措施后可能消除产生潜在不合格的原因，从而从根本上防止了不合格的产生。总的说来，纠正是对不合格的处置措施，是"治标"；纠正措施是消除产生不合格原因的措施，是"治因"；预防措施是消除潜在不合格原因，从根本上防止产生不合格，是"治本"。

3.纠正措施的跟踪和验证

测量管理体系内部审核结束之后，对纠正措施的跟踪和对实现纠正措施的有效性验证则是内部审核组成员或计量主管领导授权的机构的职责。对纠正措施完成的日期事先应有规定，在一般情况下三天到一个星期，最多不超过半个月。如果纠正措施要求完成的时间超过一个月，则应成为纠正措施计划。在纠正措施实施期间，内部审核组成员或计量主管领导授权人员要对各有关部门制定的纠正措施的执行和完成情况进行督促与指导。

当制定的纠正措施完成后，责任部门应向内部审核组或计量主管领导授权人员（也可以是质管部门）报告，并由上述人员对有关责任部门纠正措施完成情况，主要是执行纠正情况的有效性进行验证。

（五）内部审核方案的评审和改进

内部审核方案评审的重点有以下几方面：

1.评审不同管理体系内部审核方案对第三方认证外部审核的适宜性

为了适应第三方外部审核机构的初审和监督审核，在接受上述外部审核之前通常都要进行内部审核，以便迎接和应对认证机构的外部审核。通过上述外部审核所发现的问题，对企业内部审核方案进行评审，检验所制订的内部审核方案是否适宜。

2.评审不同管理体系内部审核方案的协调性

按照内部审核方案，在计划的时间内要对不同的管理体系进行内部审核。不同管理体系内部审核可能是同时进行，即进行多个管理体系的"结合审核"，但往往可能是质量管理体系、环境管理体系或测量管理体系单独进行内部审核。从一个企业不同管理体系在同一时间或不同时间进行的内部审核结果可能会发现不同管理体系内部审核所发现的矛盾和不协调，从而改进不同管理体系内部审核的策划、审核时间、人力物力资源的配置，以增强不同管理体系内部审核的协调性。

3.评审不同管理体系文件的协调性和一致性

一个企业建立多个管理体系，必然要编制适应不同管理体系要求的体系文件。通过内部审核，特别是现场审核可发现不同管理体系文件的矛盾，包括管理手册与程序文件之间的矛盾和不同管理体系文件规定要求的矛盾。通过内部审核，可发现不同管理体系文件的矛盾，通过文件的修订和完善，以增强不同管理体系文件的协调性和一致性。

内部审核方案的评审实际上就是内部审核工作的总体评价或总结。对于已建立多个管理体系，面临多个认证机构多次外部审核的企业来说，内部审核方案的制订和评审就显得尤为重要。当然，对于只建立一个管理体系，例如只建立测量管理体系的企业来说，内部审核方案的评审则可以简化。

第六节　测量管理体系的实际应用

在下述情况中，是否有不符合项存在，若有，请指出不符合ISO 10012标准的条款编号以及不符合的严重程度：

（1）在电表维修车间，审核员发现一操作人员没有按操作规程要求的那样先清洗后修理，而是直接进行修理了。审核员查看了操作人员的资格证书，并询问了其以往的工作情况，操作人员告诉审核员，其取得检定员证和企业发的上岗证已经3年了，3年来都是这样工作的。

分析：不符合ISO 10012：2003标准，判为一般不合格。操作规程明确规定"先清洗后修理"，而操作人员未清洗就直接修理，违反了操作规程规定程序的要求。

（2）审核员在从生产车间去计量室的路上看到一辆电瓶车后面载有3台天平，审核员请司机将车停下，经检查发现3台天平上都贴有刚经校准过的标签。司机告诉审核员，这些天平正被送回精密分析试验室。

分析：不符合ISO 10012：2003标准，判为一般不合格。6.3.1明确规定应制定、保持和使用有关测量设备的接收、装卸、运输、贮存和发放、形成文件的程序。天平属于精密仪器，天平搬运应有严格的防振动，防碰撞要求，用电瓶车直接运送天平而未采取任何保护措施，违反了ISO 10012：2003标准的要求。

（3）审核员在校准实验室发现，一校准规程有一大段手写的更改，一从事校准的工作人员承认其他改的，其说已按改过的规程执行了很长时间。当问及更改的审批手续时，工作人员告诉审核员，这种简单的工作无须繁杂的手续。

分析：不符合ISO 10012：2003标准，判为一般不合格。校准规程是经过授权人批准并确认有效的技术性程序文件。程序规定，文件变更或修改应授权并受控。校准人员未经授权，无权更改校准规程，违反了标准的要求。

（4）审核员在计量室发现一冲击试验机表盘下方贴的校准状态标签与其他试验设备上贴有的标签不同。计量室主任解释说："这台设备是顾客提供给我们的，运来以前即已经过校准，标签也是顾客贴上的，所以我们就直接投入使用了"。

分析：若顾客提供的冲击试验机已经过校准，经过确认是合格的，而且在有效期内，可直接投入使用，不存在不合格。即使设备上贴的合格标识在格式上与组织的合格标识有所不同，也不能判为不合格。所以在本事例中没有不符合项，最多作为观察项。

（5）在计量处档案室，审核员查看了3个月前的一些校准记录，发现许多页字迹已经褪色不易辨认；管理人员告诉审核员，主要是由于夏季该房间过于潮湿的缘故。而按公司记录管理的有关规定，记录至少应保存三年。

分析：不符合ISO 10012：2003标准，判为一般不合格。校准记录保存不符合记录在程序文件规定的记录的贮存和保护的要求。假如校准记录不是受潮，从而使记录褪色不易辨认，而是记录的内容，缺少校准记录规定的数据项，例如确认的日期，则可判不符合。

（6）作业指导书规定，操作者在加工过程中，应对每一加工工件按质量要求进行自检，并加盖工号印章。在一加工车间，巡检人员发现某操作工人自检（当班的第20个工件）所用的检验工具（千分尺）不合格，立即停止了对方的工作，将备用千分尺替换了正在使用的千分尺，并将其送回重新校准。为了不影响下道工序的工作，操作工人将已检的20个工件立即送至下道工序，然后用替换的千分尺重新投入工作。

分析：不符合ISO 10012：2003标准，判为一般不合格。千分尺不准应判为不合格测量设备。尽管替换上了合格的千分尺，但是原来不准的千分尺已检的20个工件应重新复检，确认工件合格后方可转入下道工序。

（7）在对某仪表公司审核时发现，该公司新研制的YJ-31型仪表未取得样机试验结果通知书和计量器具制造许可证，就签订了订货合同，并已售出多台。引导员解释：我们公司根据市场需要开发的这种产品很受欢迎，还未正式投产，已收到许多客户的订单。我们的样机经反复试验没什么问题。因为最近很忙，还未顾上申请样机试验。省计量测试所的张高工也参加该产品的开发研制，从质量上从严把关，我们对产品质量有严格的控制。

分析：不符合ISO 10012：2003标准，判为严重不合格。新研制的YJ-31（测量）仪表未按照国家型式评定法规规定取得样机试验结果，也未办制造许可证，违背了《中华人民共和国计量法》有关计量器具新产品定型鉴定和批准试验的规定，未办制造许可证就向市场销售，属于违法行为。

（8）在某公司的内部审核记录中，负责对计量校准工作进行审核的内审员是李某。审核员问：李某是经培训的内审员吗，请让我看一下证件？答：是的，省技术监督局给我们公司办了内审员培训班。出示了内审员证，审核员点点头，又问：李某是公司哪个部门工作人员？答：是校准部责任经理。

分析：不符合ISO 10012：2003标准，判为一般不合格。审检员不得参与自己工作部门校准部的审核，缺乏审核的公正性，也违背了ISO 10011：2002标准的规定。

（9）某公司的天然气流量计装置按贸易双方协定，每月应校准一次孔板。可每次校准都要先搭工作架，把孔板拆卸下来才能测量；该公司一生产线用重油做燃料，油路中安装一台椭圆齿轮流量计进行流量计量。因该生产线开工不足，间断生产，该流量计因重油凝固，无法使用，只好拆除。

分析：不符合ISO 10012：2003标准，判为一般不合格。椭圆齿轮流量计用于重油燃料计量，重油凝固后不进行适当处置，只简单地拆除，不符合标准规定的合格测量设备的控制程序。

第四章　计量检测的质量管理

第一节　管理及计量管理基础

一、管理基础知识

（一）管理及计量管理

1.管理

《质量管理体系基础和术语》（GB/T 19000-2016）中，"管理"定义为"指挥和控制组织的协调的活动"。该标准中，"组织"定义为职责、权限和相互关系得到安排的一组人员及设施。

管理的本质是一种活动，管理的对象是一组人员及设施；管理所涉及的活动可以是一个或一系列相关活动。要理解管理活动的内涵和意义，需要进一步弄清楚管理的职能、目标和要素。

2.管理的职能作用、目标和要素

（1）管理的职能作用

管理的职能作用可概括为计划与决策、执行与监督、领导与激励，控制与协调四大方面。

"计划"是事先对未来行为所做的安排，它是管理的首要职能。

"决策"是指为了达到一定的目标，从诸个通过"计划"形成的方案中，选择一个科学合理、经济可行方案的分析判断过程。"决策"具有超前性、目标性、选择性、可行性、过程性与科学性等特征。

"执行"是指使用必需的资源，对已选定的决策方案实际贯彻实施，从而完成战略意图和预定目标，取得效益成果的一系列操作。

"监督"是指对特定计划或过程的执行情况进行监视、督促，使其结果能达到预定的目标。

"领导"一词这里作为动词，是指挥和控制一组人员、资源及设施在既定的框架内协调行动。

"激励"是一种领导艺术，管理者通过采用激励措施，建立内生动力机制。通过激励挖掘内在潜力，激发创新欲望，充分调动积极性，引导和督促员工为实现既定的共同目标做出最大努力。

"控制"是通过信息沟通反馈，找出目标实现过程中的错误或偏差，并采取相应的纠正措施以实现管理目标。

"协调"是通过正确处理组织内外的各种关系和利益，为组织发展营造良好的内外部环境，从而促进组织实现目标。

（2）管理的目标：管理的目标是科学、合理地提供必需资源，采取经济、高效的管理措施，综合协调配置生产力，维护生产关系，追求效益最大化。

管理的目标既要考虑预期结果，也要考虑实现这一预期结果需要投入的资源和采取的管理措施。

（3）管理的要素：管理的要素通常划分为"人、机、料、环、法、测（即5MIE）"六大要素。

3.计量管理

（1）计量管理的定义：《质量管理体系基础和术语》（GB/T 19000-2016）中，"质量管理"定义为"在质量方面指挥和控制组织的协调的活动。"相应地，"计量管理"可定义为"在计量方面指挥和控制组织的协调的活动。"计量管理属于管理活动的一部分，包括计量行政管理、计量技术管理、计量人员管理等方面的一系列内容。

（2）计量管理的总体目标：对某一组织而言，通过实施计量管理，以科学、合理、高效地配置计量资源，统筹协调推进计量工作，确保其计量工作符合国家要求，满足顾客要求，适应自身发展需求，最终实现计量效益最大化。

从国家层面讲，计量管理应用科学技术和法制手段，协调计量技术管理、计量行政管理、计量人员管理、计量经济管理和计量法制管理之间的关系，以实现国家的计量方针、政策，维护经济秩序，保障社会和谐。

（二）计量管理的原则

计量管理是管理工作的重要内容之一，可应用质量管理的八项原则，以系统化、过程化的方式促进计量管理目标实现。八项原则是：

（1）以顾客为关注焦点。

（2）领导作用。

（3）全员参与。

（4）过程方法。

（5）管理的系统方法。

（6）持续改进。

（7）基于事实的决策方法。

（8）与供方互利的关系。

（三）计量管理的要求、方法和内容

1.计量管理的基本要求

符合法制计量管理要求；符合规定的计量技术要求；满足顾客要求；满足内部控制和决策的预定要求。

2.计量管理的方法

（1）法制管理方法。法制管理的特点是由国家或政府运用法律手段，对计量活动进行制约和监督，对重要计量工作实行强制性的管理。法制计量管理的内容包括制定计量法律、法规；制定具体的实施细则、办法、规章、规程、规范、制度等；以政府名义发布通告、公告；依法实施计量管理；依法执行计量监督；依法执行计量方面的处罚、仲裁、协调等。

（2）行政管理方法。运用上级领导下级、下级服从上级的行政管理基本原则，按行政管理体制设置政府、部门、企事业单位内部的计量管理职能机构，履行计量管理职责。

（3）技术经济管理方法。利用技术、经济手段，按照经济规律、科学规律推行计量管理。具体管理内容包括按照"经济、合理、就地就近"原则组织量传

或溯源；根据经济、科技发展的需要，组织建立各等级测量基准、标准；按各类测量器具的技术特性，科学地制订检定/校准计划；组织研究计量检定/校准的理论、方法和实践；研究并正确运用误差理论、测量不确定度分析评定方法；科学高效地组织利用计量资源和信息，经济合理地安排计量资源投入。

（4）系统管理方法。为全面提高计量管理水平，持续改进过程绩效，国内外普遍采用现代化的系统管理方法，包括采用过程方法、管理的系统方法、PDCA循环管理方法等。

3.计量管理的主要内容

计量管理的内容包括计量法制管理、计量行政管理、计量技术管理、计量人员管理和计量经济管理等方面的内容。

（四）计量管理的主要任务

计量管理的主要任务可以概括为：

（1）提高计量工作的质量和效率，满足发展需要，有效支撑决策、控制风险。

（2）规范计量检测过程，确保数据准确可靠，为社会管理、公共安全、公平交易、环境保护、生产安全、医疗卫生、生产过程控制、产品质量保障、促进节能减排等方面提供强有力的计量支持。

（3）推动计量技术发展，拓展计量检测领域，促进计量管理水平提高。

（4）合理优化配置计量资源，延伸计量服务范围，强化计量数据分析应用，追求计量效益最大化，凸显计量工作的价值，为社会和谐进步与企业提质增效提供计量基础保障。

（5）加强对计量管理各要素的全方位控制，重点强化计量人员技能培训，提高计量人员素质。

二、计量管理的要素

（一）计量管理的要素

从不同侧面、用不同理论方法剖析计量管理过程，可对计量管理涉及的要素进行不同的划分。依据前述管理的要素，这里将计量管理涉及的要素分为"人、

机、料、环、法、测（即5M1E）"六大要素，即

（1）"人"（Man）：计量管理人员、计量技术人员、计量操作辅助人员等。

（2）"机"（Machine）：测量设备、测量器具等。

（3）"料"（Material）：被测对象（样品）、消耗材料等。

（4）"法"（Method）：规程规范、作业指导书等。

（5）"环"（Environment）：测量环境条件。

（6）"测"（Measure）：测量过程的控制、实施。

（二）计量管理各要素的要求

1. "人"——计量人员

计量人员泛指所有从事计量活动的人员，是计量管理诸要素中唯一起能动作用、处于第一位、可以决定其他要素作用发挥程度的关键要素。计量人员通常包括从事计量管理、计量监督、数据统计、理化分析、产品测试、检验试验，以及计量技术开发、资料管理、相关操作的人员；从事计量器具检定、校准、安装、调试、修理、维护、保管的人员。计量工作技术性和法制性都很强，为确保各项计量工作有效实施，必须培养配备懂技术、有经验、善于管理、法制意识强的计量人员队伍。

对计量人员的要求：一是配备方面，应根据实际工作要求，合理配备各类计量人员，人员的数量、比例、结构应满足要求并保持相对稳定。二是培养方面，计量人员需经专门的技能培训、上岗培训，通过考试考核合格，以具备可证明的资质和能力，执行规定的任务。三是履职方面，计量人员应严格执行国家有关计量法律、法规、规章、技术规程规范，内部的计量管理制度、程序及相关文件等；清楚认识到个人正确高效履职对测量结果有效性、产品质量、公共安全、科技进步、社会和谐等可能带来的影响。

2. "机"——测量设备

测量设备是测量仪器、测量标准、参考物质、辅助设备以及进行测量所必需的资料的总称，包括用于测量的软件、用于监视和记录影响量的测量设备（如温度、湿度测量控制设备）等，是计量管理中一个非常关键的要素。对测量设备的要求：提供满足规定的计量要求所需的所有测量设备；在用的测量设备应处于有

效检定（校准）状态；测量设备应在受控的或已知满足需要的环境中使用，以确保有效的测量结果。

3. "料" ——被测对象（样品）、消耗材料

确保被测对象稳定、可靠、安全，既关系到测量结果准确可靠、测量数据重复可比，也关系到测量风险控制的能力和水平。如对产品质检实验室，其被测对象通常为样品，则抽样、制样、标识、留样等样品处置环节与测量结果密切相关；对检测和校准实验室，其被测对象通常为仪器设备，则仪器收发、流转、标识、保管等环节涉及安全可靠，仪器检校时的静置、恒温、预热、防振等特殊要求涉及重复稳定性能；对企业而言，被测对象可能是样品（成品或半成品）、仪器设备、生产过程参数等，需要区分不同情况，识别确定不同的计量管理要求。

当消耗材料（如测量过程使用的蒸馏水、电力、氧气及其他气体等）作为测量必须消耗的资源，且影响测量结果时，事先需要对消耗材料是否满足使用要求进行确认。

4. "法" ——测量方法

测量方法是指进行测量时所用的，按类别叙述的一组操作逻辑次序。测量方法通常由相关技术标准、计量检定规程、校准规范，以及检测程序文件、作业指导书，产品接收准则、设计规范、检验（试验）规范等技术文件规定。使用相同的测量方法，是确保同类测量结果（量值）统一可比的前提；采用不同的测量方法对同一量进行测量，是发现问题、分析对比、查找缺陷、改进测量的重要手段。为提高测量水平，需要不断研究、创新、改进、完善测量方法，这是计量工作的一个重要方面。

5. "环" ——测量环境条件

测量环境条件是指测量时所处的一组环境条件，包括外部和内部所有条件，如温度、湿度、辐射、磁场、冲击、振动等或其组合，这些条件影响测量结果的可靠性。通常，检定规程、校准规范、测量设备使用说明书等技术文件对测量仪器设备都限定在规定环境条件下使用。为了确保测量结果准确有效，必须在满足要求并受控的环境条件下组织实施测量，包括使用测量设备执行测量操作，对计量标准和测量仪器进行检定、校准、调整等。

6. "测" ——测量过程的控制、实施

测量过程控制理念强调采用过程方法控制测量活动，即有效控制测量活动

的策划、设计、确认、实施、分析、评价等环节。目前，国际国内计量界已普遍认识到，计量工作单靠对测量设备进行检定、校准、确认等方面的管理控制，远远不能保证测量过程正确，测量数据准确；只有对测量过程涉及的环节、参数及其变化进行连续有效测控，使其保持在预期状态下，才能真正把"设备管理"与"数据管理"很好地结合起来，为计量管理、技术控制提供有效的支撑。测量过程应在满足计量要求的受控条件下实施。受控条件包括：使用经计量确认合格的测量设备；使用具备资格和能力的人员；应用经确认有效的测量程序；保持所要求的环境条件；获得所要求的信息资料；按规定的方式、内容、权限报告测量结果。

三、计量管理过程的确定和控制

（一）计量管理过程的确定

1.识别计量管理涉及的过程

采用过程方法进行计量管理，有助于提高和保证测量结果的有效性。为此，必须分析、监视、控制相互关联和相互作用的计量活动，识别、管理、确认计量管理涉及的诸多过程。计量管理涉及计量人员管理、测量设备管理、测量过程管理、测量数据管理、计量标准管理、计量机构管理、实验室资质管理等若干过程。理论上，计量管理涉及的每一项活动均可作为一个过程加以识别和管理，考虑到计量管理工作系统高效的要求，通常以计量管理关键要素来识别划分计量管理过程。上述的计量人员管理、测量设备管理、测量过程管理、测量数据管理是任何组织都不能缺少的计量管理过程，计量标准管理、计量机构管理、实验室资质管理等过程则依据具体计量工作的性质、权限、内容、范围等分别选定、识别、管理。

2.确定计量管理过程

为确定计量管理过程，需要：

（1）明确计量工作当前和未来的需求。依据组织的规模、效益、结构、管理要求、行业特点、未来发展规划、人员素质状况等，提出对计量工作当前和未来的需求。

（2）研究评价现有计量管理过程。通过研究评价现有计量管理过程，分析判定当前过程是否合理、可操作并满足各方要求，过程是否增值；过程的目标、构架、业绩、能力、效率是否符合预定要求；过程的成本风险如何，过程文件的有效性、适用性如何，过程资源信息等是否得到保证，过程监视和数据分析控制是否有效；等等。

（3）确定计量管理过程新要求。将计量管理过程与当前和未来计量需求的分析对比，找出已有过程中存在的问题和不足，进而对现有计量管理过程进行评价，确定哪些方面需要进一步改进和提高，需要新增、补充、完善哪些计量管理过程。

需要着重强调的是，以往工作中容易忽视测量数据结果的分析应用过程，必须新增或补充、完善综合应用测量数据结果的管理要求，高度重视测量数据结果的分析应用，才能充分体现计量工作的作用和成效。

（4）策划计量管理过程。

①策划计量管理过程的各个阶段，包括过程的设计、确认、实施和控制等几个阶段。

②确定计量管理过程的组织管理，根据任务和要求科学分工，明确部门、人员和岗位的职责、权限，确保过程接口顺畅。

③确定计量管理过程的控制程度。根据法律法规、顾客和内部控制的要求，从总体上分析计量管理过程的复杂程度，分析某一过程结果的不正确可能产生的风险，确定对不同的过程分别采取不同的控制方法、不同的控制程度。

④制定计量管理过程需要采用的有关程序文件。通过制定有关程序文件，明确过程管理的方法和要求，明确过程管理的责任部门、相关部门，明确过程管理的内容，界定各部门的职责和权限，规定过程策划原则，编制过程管理文件，规定对过程进行评价和改进的措施，实现科学的过程管理。

⑤制定计量管理过程需要采用的工作记录。应用计量管理过程的工作记录，作为计量过程策划和实施的依据，以及过程评审的结果。

（二）计量管理过程的控制

1.计量管理过程控制的目标

计量管理过程控制的目标是确保测量要素受控并满足规定要求，包括测量过程受控、测量数据结果有效应用、所有在用的测量设备符合要求、计量人员具备资质和能力等。

为确保计量管理控制的结果满足规定的计量要求，必须确定对测量过程、测量设备、测量人员、测量数据、环境条件等测量要素管理的基本要求；在确定计量管理过程控制的程度、范围和内容时，应考虑由于过程不符合计量要求可能带来的风险和后果。

2.确保测量过程受控

要管理好任何一个测量过程，确保测量过程受控，测量结果准确可靠，需要回答好"5W1H"。即

（1）What：要做什么？有什么要求？明确规定某一测量过程的内容及要求。

（2）Why：为什么要做？明确此时此地开展测量工作的原因、目的。

（3）Where：在何地点执行？明确规定实施测量工作的地点。

（4）Who：由谁负责完成？明确规定由哪些部门、哪些人员负责实施。

（5）When：什么时间完成？明确规定测量工作的实施时间。

（6）How：如何按要求完成？明确规定测量的方法和程序，数据结果处理的规则。

第二节　计量人员管理

一、计量人员的技能要求和基本职责

计量检测体系的建立是否科学、完善，能否有效地发挥保证作用，很大程度取决于计量人员的水平。因此，建立起一支技术水平高、有经验、有才能、懂管理的计量人员队伍，是保证计量检测工作有效实施的关键。目前，我国企业对计量工作重视不够，对计量管理人员素质要求不高，认为计量工作是一个简单的工作，没有专业技术、能力方面的要求，其实这是对计量工作的偏见。多数企业安排本企业中文化层次不高的员工来从事计量工作，这些缺少一定水平的计量检定

人员和检测人员，专业知识与技能没有达到一定的水准，不仅严重影响计量结果的精确度，还会制约计量检定行业的发展与进步。计量检定工作中一个微小的差错都会造成严重的后果。哪怕测量数值存在小数点以内的误差，产生的损失都是无法估计的。测量新方法的采用，测量技术的进步，以及计量检测体系的完善提高，都要求计量人员具有计量理论知识和实际操作技能。

（一）计量人员需掌握的理论知识

（1）计量基础知识：计量概论，法定计量单位和误差理论及数据处理。

（2）计量专业知识：专业基础知识，专业项目知识，相应计量标准、工作计量器具的原理和使用维护及专业项目常用误差理论等知识。

（3）计量技术法规：相应的国家计量检定系统，计量检定规程和检定、测试技术规范。

（4）法律知识：计量法律、法规、规章。

（二）具体岗位需掌握的技能要求

（1）测量设备校准、调试、修理、操作的人员，要掌握或了解相关的测量设备原理、结构、性能、使用和溯源等方面的知识。

（2）测量技术人员要掌握基本的误差理论，要熟知相关的测量技术文件，要具有对测量设备计量特性进行误差修正的专业技术知识，掌握对相关的测量设备的确认要求及测量新技术、溯源新方法、检测新要求等知识。

（3）测量管理人员应掌握法制计量管理和科学计量管理的基本知识，测量设备配置和管理的知识，以及对先进计量管理方法、人际关系技巧、工作统筹计划的了解。

（4）计量体系审核人员，不仅要了解各方面计量管理和测量技术知识，还要不断提高对其掌握的程度，以增强对体系审核的能力。要更多地了解体系审核的方法和技巧，进一步提高审核效率和审核质量，提高计量检测体系的有效性、适宜性、符合性。

（三）计量人员从事检定工作必须取得计量检定员资格

申请计量检定员资格应当具备以下条件：

（1）具备中专（含高中）或相当于中专（含高中）毕业以上文化程度。

（2）连续从事计量专业技术工作满1年，并具备6个月以上本项目工作经历。

（3）具备相应的计量法律法规以及计量专业知识。

（4）熟练掌握所从事项目的计量检定规程等有关知识和操作技能。

（5）经有关组织机构依照计量检定员考核规则等要求考核合格。

对计量检定人员能够从事的检定项目进行理论考核与实际操作考试，合格者颁发检定员证，持证方能上岗。计量检定员从事新的检定项目，应当另行申请新增项目考核和许可。《计量检定员证》有效期为5年。有效期届满，需要继续从事计量检定活动的，应当在有效期届满3个月前，向原颁发《计量检定员证》的质量技术监督部门提出复核换证申请。原颁发《计量检定员证》的质量技术监督部门应当按照有关规定进行复核换证。

同时，要加强计量人员的培训。随着计量检测体系的完善提高，计量人员要不断更新思想观念，改善知识结构，增强业务能力。定期参加相关知识与技能培训，帮助计量人员巩固已经掌握的专业知识，了解最新出现和崛起的计量检定技术。只有这样，计量人员才能不断地进步，做到与时俱进，满足工作的要求和时代的需求。

二、计量人员的职业道德规范

计量人员必须充分认识职业道德建设是提高计量人员整体素质的重要环节，是关系到计量工作的改革发展与进行。因此要求计量人员必须具备较高的职业道德。

（一）忠于事业、热爱事业

这是计量人员必须遵循的基本原则。计量人员要有较高的职业责任心和职业自豪感，并能自觉地以职业道德规范来约束自己，以维护职业的尊严。

（二）满腔热忱，热情服务

这是计量人员职业道德的重要表现。计量工作有依法进行监督管理的职能，同时又有服务于基层，经济建设和人民生活的光荣使命。这一特点要求计量工作人员必须具备满腔热忱、热情服务的崇高职业道德。

（三）坚持原则、秉公执法

这是计量人员的道德原则。随着企业走进市场经济的大潮，计量纠纷日益增多。这就需要计量人员必须有较强的法制观念，熟悉法律法规，自觉地以职业道德来约束自己的行为。

（四）精益求精，一丝不苟

计量事业要求计量工作者必须具备精湛的技术，较高的文化水平。随着时代的进步，计量技术也在日新月异地发展，这就要求计量人员必须不断地吸收新鲜知识。业务上刻苦钻研、技术上精益求精、检测上一丝不苟，真正建立保证产品质量的检测手段、检测水平，为赶超国际先进计量技术而努力。

三、基层计量人员队伍建设管理措施

（一）计量人才队伍管理体系的历史沿革

我国计量人才队伍建设始于1985年，1985年9月6日，经第六届全国人民代表大会常务委员会第十二次会议通过，我国正式颁布了《中华人民共和国计量法》，《计量法》第十九条规定"县级以上人民政府计量行政部门可以根据需要设置计量检定机构，或者授权其他单位的计量检定机构，执行强制检定和其他检定、测试任务。执行前款规定的检定、测试任务的人员，必须经考核合格。"1987年1月19日，经国务院批准，原国家计量局发布了《中华人民共和国计量法实施细则》，其第二十九条规定"国家法定计量检定机构的计量检定人员必须经县级以上地方人民政府计量行政部门考核合格，并取得计量检定证件。其他单位的计量检定人员，由其主管部门考核发证。无计量检定证件的，不得从事计量检定工作。计量检定人员的技术职务系列，由国务院计量行政部门会同有关主管部门制定。"以上述两个文件为依据，我国正式建立了计量检定员制度。

2006年6月，我国发布实施《注册计量师制度暂行规定》和《注册计量师资格考试实施办法》，对从事计量技术工作的专业技术人员实行职业准入制度，注册计量师资格与计量检定员资格并行推进，注册计量师制度正式登上历史舞台。

十八大以来，党和国家大力推进职业资格制度改革，调整职业资格许可和认定事项，进一步优化人才评价制度。2016年6月8日，国务院印发《关于取消一批职业资格许可和认定事项的决定》（国发〔2016〕35号）和《质检总局关于取消计量检定员资格许可事项的公告》（2016年第91号），取消了计量检定员职业资格，与注册计量师合并实施。2019年10月15日，市场监管总局、人力资源社会保障部正式发布《注册计量师职业资格制度规定》和《注册计量师职业资格考试实施办法》，进一步加强了对计量专业技术人员的职业准入管理，规范注册计量师管理权责。2021年，随着最后一批检定员证书到期，检定员在我国的计量检定工作中完成了其历史使命，我国计量检定人员队伍正式进入由注册计量师为工作主力的新时代。

（二）当前计量人员队伍存在问题

计量工作按照服务对象的不同以及日常工作内容的不同，大致可分为法制计量、工业计量以及科学计量3个类别，其中工业计量主要服务于企业管理、生产质量控制及产品研发，科学计量服务于技术科研前沿，基层计量所主要进行法制计量工作，具有较强的民生特性，具有高风险、低收益、广覆盖、基础操作占比高的特性。为此，在新时代背景下开展好基层计量检定工作，十分重要的一个方面，是建立符合实际要求的基层计量人员队伍。目前，困扰基层计量人员队伍建设主要存在3方面问题：

1.基层计量队伍存在人员结构老化现象

按照全国机构改革统一工作部署，基层质量技术监督部门逐步并入市场监督系统，完成部门合并。受计量工作专业性强的现实影响，特别是开展检定工作需要以取得资格认证为前提，基层计量检定部门工作人员需要一个较长的培养期，难以迅速补充工作力量，加之取消强制检定收费后企事业单位送检积极性增强，检定工作压力进一步加大，进一步降低了基层计量检定机构对人才的吸引力，逐步在基层形成了部门"老龄化"运转的状态，个别基层计量检定机构由于原具有检定员资格工作人员未能在过渡期内取得注册计量师资格，加之检定员证书过期，存在着无法上岗的实际情况，制约了基层机构适应新时代科学计量、精准计量新要求的能力。

2.基层计量工作人员发展路径相对单一

基层计量检定机构在事业单位范畴内，个人提升主要依靠职称晋升路径，职称总量一定且原有职称人员退休前无法空出职数，难以履行职称评聘手续，一定程度上影响了年龄较轻、学历相对较高人员进一步学习深造的积极性。同时，基层检定工作具有一般事业单位并不具备的特殊性，即"持证上岗"，具有一定的学历、能力壁垒，如不能平衡基层工作人员学历、取得相应资格的投入成本同预期发展及收入之间的关系，便难以形成高质量人才持续输入，检定能力水平持续增强的良性循环。

3.基层计量工作人员培训内容难以满足时代要求

2020年7月30日，我国发布了《中华人民共和国国民经济和社会发展第十四个五年规划和2035年远景目标纲要》，纲要中进一步明确要加强计量体系建设。站在历史的交汇点，计量工作机遇与挑战并存，对于基层计量人员提出了更高的要求。目前，基层计量人员能够有效获得相关业务知识培训，但在宏观层面、前沿动态，特别是思想政治建设方面，还需要进一步增强。

（三）优化新时代基层计量队伍管理的路径

要在新时代不断提升基层计量检定工作效能，奋力开创基层计量事业发展新局面，发挥计量工作在服务地方经济社会高质量发展的积极作用，其中一个重要方面便是人才队伍的建设，要确保基层计量工作后继有人、薪火相传，可以着重从以下3个方面进行探索。

1.进一步优化注册计量师制度设计

在计量领域全面推行注册计量师制度，实行职业资格准入，其用意是为了进一步规范全社会计量专业技术人员的管理，提升计量专业技术人员素质，基于此目的，应进一步细化注册计量师等级与预期工作内容的联系，提升注册计量师资格的含金量与吸引力。按照现有制度体系设计，注册计量师分为一级和二级两个等级，从计量从业者队伍发展方向，以需求导向出发，一级注册计量师应当强化其服务国家法定计量技术机构以及对科学计量、前沿计量、精准计量需求的企业和工业计量领域为目标，强化一级注册计量师职业资格管理，进一步提升资格取得的难度，同时提升对应的行业内部地位。基层计量检定机构的职能范畴主要为法制计量，其技术性要求与科学计量及工业计量比较相对较低，故此，应强化二级注册计量师指导、服务国家法定计量机构的属性。对于法定机构的从业者，在进一步提升规范性和人才筛选作用的基础上，要强化法制要求，要在熟练掌握基础知识的前提下，根据法定机构定位加强法律法规的考核，突出法制支撑作用，培育适合基层计量工作的复合型实用人才。

2.建立实用型基层计量人才队伍管理体系

合理的薪资体系及待遇也是基层计量人员工作的重要动力。应当看到，部分基层法定计量机构存在人员老化甚至无法持证上岗的现象，其重要原因在于注册计量师制度的设定，在满足社会计量需求，提升计量人才能力上限外，对于计量检定等基础操作类工作的考量仍不够全面。因此，可以借鉴公务员职务与职级并行制度的成功经验，在满足现行政策的前提下，提升高素质人才和实用型人才的待遇水平，形成平衡、充分的分配体系，增强计量系统的凝聚力与向心力。一是强化注册计量师资格与职称评聘、薪资兑现方面的联系，吸引高素质"新人"加入计量队伍，将注册计量师资格证书挂钩相应的技术职称和与执业责任相应的劳动报酬；二是逐步完善职称"评""聘"分离机制，使更多通过评审专业技术人员在无职数聘用的情况下也能得到相应的薪资待遇，提高工作积极性；三是着力化解历史遗留隐患，对于已执行 30 年的检定员制度进行系统性收尾，对因年龄较大、学历不符合，难以取得注册计量师执业资格的工作人员，探索年龄资历与待遇对等转化机制，进一步提升其待遇水平，发挥"老人"传帮带的主观能动性。

3.以强化党的领导锻造优秀计量人员队伍

作为承担国家法定职能的工作部门，基层计量部门必须把不断强化党的领导作为开展新时代一切工作的必然基础，以党建为抓手，锻造铁一般的计量人员队伍。一是要强化理论思想建设，在全体计量人员心中牢固树立"四个意识"和"四个自信"，坚决维护"两个确立"，形成坚决维护党中央权威、全面贯彻执行党的理论和路线方针政策的强大思想基础，夯实计量队伍服务人民、干好事业的思想底色。二是要强化作风建设，聚焦计量检定工作服务企业多、社会接触广的工作特性，坚决抓好纪律规矩落实，在法律底线之前架起"带电的高压线"，防止由小错酿成大祸，持续改进工作作风，做好服务社会的主责主业。三是要强化制度落实，发挥党员干部先锋模范作用，坚决落实"三会一课""主题党日"、组织生活会等党内组织生活制度，充分发挥党员的工作积极性。

第三节　计量器具管理

一、计量器具的定义及分类

（一）计量器具的定义

测量仪器（计量器具）定义为"单独或与一个或多个辅助设备组合，用于进行测量的装置"。

（二）计量器具的分类

（1）依据相关法律、法规，按量值传递和量值溯源要求将计量器具分为计量标准器具与工作计量器具。

（2）《通用计量术语及定义》（JJF 1001-2011）中则注明计量器具类别为：

①一台可单独使用的测量仪器是一个测量系统。

②测量仪器可以是指示式测量仪器，也可以是实物量具。而实物量具包括有证标准物质。

二、计量器具的管理

依据相关法律、法规的要求对有关计量器具实施监督管理，主要是对计量器具检定/校准的法制管理和对计量器具（包括进口计量器具）产品的法制管理，而对计量标准器具则实行考核管理制度。

（一）计量器具检定的法制管理

强制检定是指由县级以上人民政府计量行政部门所属或者授权的计量检定机构，对法律规定必须强制检定的计量标准器具、工作计量器具实行的定点定期检定。

（1）强制检定的计量标准器具：社会公用计量标准器具，部门和企业、事业单位使用的最高计量标准器具。

（2）强制检定的工作计量器具：用于贸易结算、安全防护、医疗卫生、环境监测方面的列入强制检定目录的工作计量器具。

强制检定的主要特点表现在：

①县级以上人民政府计量行政部门对本行政区域内的强制检定工作实施监督管理。

②固定检定关系，定点、定期检定溯源。属于强制检定的计量标准，由主持考核的有关人民政府计量行政部门安排、指定的计量检定机构进行检定。属于强制检定的工作计量器具，由当地县（市）级政府计量行政部门安排、指定的计量检定机构进行检定。

③使用属于强制检定的计量器具的单位，应按规定登记造册，向当地政府计量行政部门备案，并向指定的计量检定机构申请强制检定。

④使用属于强制检定的计量器具的单位和个人，未按规定向政府计量行政部门安排、指定的计量检定机构申请周期检定的，要追究法律责任，责令停止使用，可并处罚款。

（二）非强制检定计量器具的管理

对其他非强制检定的计量标准器具和工作计量器具，使用单位应当自行定期检定或者送其他计量检定机构检定，县级以上人民政府计量行政部门应当进行监督检查。

企业、事业单位应根据所配备与生产、科研、经营管理相适应的计量检测设施情况，制定具体的检定/校准管理办法和规章制度，规定本单位管理的计量器具明细目录及相应的检定/校准周期，保证使用的非强制检定的计量器具定期检定/校准溯源。

（三）计量器具（包括进口计量器具）产品的法制管理

1.计量器具产品的法制管理

纳入法制管理的计量器具产品的范围是指列入《中华人民共和国依法管理的

计量器具目录（型式批准部分）》（2005年10月8日国家质检总局公告第145号发布）的计量装置、仪器仪表和实物量具。

对计量器具产品实施法制管理的措施主要包括：

（1）计量器具新产品的型式批准制度。《计量法》第十三条规定："制造计量器具的企业、事业单位生产本单位未生产过的计量器具新产品，必须经省级以上人民政府计量行政部门对其样品的计量性能考核合格，方可投入生产。"《计量器具新产品管理办法》（国家质检总局令第68号）对计量器具新产品管理做出了具体规定。

型式批准是指质量技术监督部门对计量器具的型式是否符合法定要求而进行的行政许可活动，型式的评价、型式的批准和决定。

列入国家质检总局重点管理目录的计量器具，型式评价由国家质检总局授权的技术机构进行，列入《中华人民共和国依法管理的计量器具目录（型式批准部分）》中的其他计量器具型式评价由国家质检总局或省级质量技术监督部门授权的技术机构进行。

（2）制造、修理计量器具许可制度。《计量法》第十二条规定："制造、修理计量器具的企业、事业单位，必须具备与所制造、修理的计量器具相适应的设施、人员和检定仪器设备，经县级以上人民政府计量行政部门考核合格，取得《制造计量器具许可证》或者《修理计量器具许可证》。"《制造、修理计量器具许可监督管理办法》（国家质检总局令第104号）对规范制造、修理计量器具许可监督管理做出了具体规定。

2.进口计量器具的法制管理

进口计量器具是指从境外进口在境内销售的计量器具。依据《计量法》以及《中华人民共和国进口计量器具监督管理办法》和《中华人民共和国进口计量器具监督管理办法实施细则》的规定，对进口计量器具实施型式批准和检定管理制度：

（1）进口计量器具的检定：列入《中华人民共和国依法管理的计量器具目录（型式批准部分）》的进口计量器具，在销售之前必须经省级政府计量行政部门检定。当地不能检定的，向国务院计量行政部门申请检定。未经检定或不合格的，不得销售。

（2）进口计量器具的型式批准:凡进口或者在中国境内销售列入《中华人民

共和国进口计量器具型式审查目录》的计量器具，应当向国务院计量行政部门申请办理型式批准。未经型式批准的，不准进口或者销售。

三、计量标准考核管理

（一）计量标准分类

计量标准是为了定义、实现、保存或复现量的单位或一个或多个量值，用作参考的实物量具、测量仪器、参考（标准）物质或测量系统。根据计量管理需要，国家将测量标准分为计量基准、计量标准、标准物质三类。

（1）计量标准按其法律地位、使用和管辖范围不同分为社会公用计量标准、部门计量标准、企事业单位计量标准。

（2）社会公用计量标准是指政府计量行政部门，为保障全国单位统一和量值准确可靠，而组织建立的具有统一本地区量值依据，并对社会实施计量监督是有公证作用的各项计量标准（依法建立或授权）。

（3）部门和企事业单位计量标准，是本部门或本单位根据其工作需要建立的，其计量标准主要在部门或企、事业单位内部开展计量检定（经授权可为社会公用计量标准）。

（4）标准物质（有证）分为一级标准物质、二级标准物质。

按照《计量法》有关规定，计量基准和有证标准物质由国家质检总局负责鉴定、审批、管理。计量标准则是以考核的方式进行管理，由各级质量技术监督部门负责实施。

最高计量标准是指在给定地区或给定组织内，通常具有最高计量学特性的测量标准，在该处所做的测量均从它导出。最高计量标准分为三类：最高社会公用计量标准、部门最高计量标准、企事业单位最高计量标准。

最高计量标准的认定应按照计量标准在与其"计量学特性"相应的国家计量检定系统表中的位置是否最高来判断。

（二）计量标准的建立与考核

计量标准是将计量基准的量值传递到国民经济和社会生活各个领域的纽带，是实现国家计量单位统一和量值准确可靠必不可少的物质基础与重要保障措施。为了加强计量标准的管理，规范计量标准考核，保障国家计量单位制的统一和量值传递的一致性、准确性，为国民经济发展以及计量监督管理提供公正、准确的检定、校准数据或结果，国家对计量标准实行考核制度，并纳入行政许可的管理范畴。

（三）计量标准考核的技术依据

（1）国家计量技术规范《计量标准考核规范》（JF 1033–2023）；

（2）国家计量检定系统表以及相应的计量检定/校准的技术法规：计量检定规程、校准规范。

（四）计量器具管理的重要性

随着经济的发展，计量的基础作用越来越受到重视，企业产品质量和经济效益将直接或间接地受到计量器具准确性的影响，计量器具示值是否准确可靠，是否可以正常使用，关系到企业能否正常生产，是否可以提高生产效益。加强企业计量器具管理，可以为企业的产品研发、质量管控、生产经营等工作提供所需要的合格计量器具。加强计量器具配置管理，选择合适的规格、型号、准确度等级、量程等以满足生产测试需要，避免不合理配置所造成的生产受到影响或过度配置造成浪费。如某项测试需要使用计量器具的准确度等级为1.6级，若选用的计量器具准确度等级为2.5级，低于所需计量器具要求，则不能满足使用要求，产品质量得不到保证；若选用的计量器具准确度为0.2级，高于所需计量器具要求，虽然满足测试要求但会造成浪费，增加企业购买计量器具及后期维护保养成本。加强采购管理，采购合规的计量器具杜绝不合格计量器具进入企业，可以节约成本，防止发生质量、安全事故。

（五）建立科学的管理体系

企业要加强计量管理意识，提前做好管理规划，科学合理地制定本单位的规章管理制度，明确各部门职责权限并严格落实，只有通过科学的管理，才能确保设备正常使用，保证测量数据准确可靠。对计量器具的管理包括采购、交货验收、建立档案、申请检定校准、正常使用、维护保养、修理报废等多个环节。企业中使用的计量器具要时刻保持良好可控的工作状态，只靠传统管理往往是不够的，必须加强信息化的管理。企业一般在用计量器具中品种多、使用频率高，但计量管理人员较少，可以借助计量器具管理系统进行管理，如在采购、入出库、使用部门、周检时间、器具检定状态等进行全过程的管理，确保计量器具的性能稳定及有效可控。

（六）做好计量器具分类管理

企业可以按照自身实际情况结合国家相关法律法规、规章制度，对在用计量器具进行分类管理，计量器具可以按照技术性能、使用频次等分为ABC类，具体方法如下：企业的最高标准和列入强检目录使用的计量器具，同时企业可以根据自身情况把用于新产品研发、关键岗位和重点岗位等使用的计量器具纳入A类计量器具进行管理；企业中工作用计量标准器具、生产过程中的计量器具等稳定性较高、使用不频繁、重复性较好的计量器具可以按B类计量器具进行管理；企业中只是用作指示类计量器具，低值易损坏、准确度等级要求不高或无要求的计量器具可以按C类计量器具进行管理。

（七）科学合理制定检定周期

企业可以根据自身情况科学合理地制定计量器具的检定周期，统一管理检定证书和校准证书，定期检查计量器具台账，准确掌握计量器具的现状及性能，及时更新台账信息。对即将到期的计量器具进行统计，及时联系计量检定机构确定送检时间或现场检定时间，严禁计量器具超期使用，计量器具出现问题时及时停用并做好标示，确保计量器具性能稳定实时处于受控状态。对于纳入A类管理的计量器具，要严格按照规定的检定周期检定不超期使用，属于强检计量器具提前做好申报免费申请检定；对于纳入B类管理的计量器具可以根据企业实际情况、计量器具特点及使用环境和频次，科学合理地制定符合自身情况的检定或校准周期；对于纳入C类管理的计量器具可以只做首次安装使用前的检定或校准，平时使用维护人员多注意观察计量器具运行情况，计量器具损坏后应及时更换。

四、计量标准的考核制度

建立计量标准，除了科学合理配备计量标准器及配套设备，计量标准自身的计量性能必须达到规定的要求以外，合格的计量人员，符合要求的环境条件及设施和有效的文件集也是必备的条件。对计量标准实行考核是保证计量标准处于良好技术状态的有效措施，只有经过考核，才能从技术上确认其具有相应的测量能力。

计量标准考核的原则：

（1）执行考核规范的原则：计量标准考核工作必须执行《计量标准考核规范》（JF 1033-2023）。

（2）逐项考评的原则：计量标准考核坚持逐项逐条考评的原则，每一项计量标准必须按照《计量标准考核规范》（JF 1033-2023）的六个方面共30项内容逐项进行考评。

（3）考评员考评的原则：计量标准考核实行考评员考评制度，考评员需经国家或省级质量技术监督部门考核合格，并取得计量标准考评员证。考评员承担的考评项目应当与其所取得的考评项目一致。

五、计量标准考核的内容

《计量标准考核规范》（JF 1033-2023）规定，进行计量标准考核，应当考核以下内容：

（1）计量标准器及配套设备齐全，计量标准器必须经法定或者计量授权的计量技术机构检定合格（没有计量检定规程的，应当通过校准、比对等方式，将量值溯源至计量基准或者社会公用计量标准），配套的计量设备经检定合格或者校准。

（2）具备开展量值传递的计量检定规程或技术规范和完整的技术资料。

（3）具备符合计量检定规程或者技术规范并确保计量标准正常工作所需要的温度、湿度、防尘、防震、防腐蚀、抗干扰等环境条件和工作场地。

（4）具备与所开展量值传递工作相适应的技术人员，开展计量检定工作，应当配备两名以上获相应项目检定资质的计量检定人员，开展其他方式量值传递工作，应当配备具有相应资质的人员。

（5）具有完善的运行、维护制度，包括实验室岗位责任制度，计量标准的保存、使用、维护制度，周期检定制度，检定记录及检定证书核验制度，事故报告制度，计量标准技术档案管理制度等。

（6）计量标准的测量重复性和稳定性符合技术要求。

六、计量标准建立考核的要求

计量标准考核是质量技术监督部门对计量标准测量能力的评定和开展量值传递资格的确认。

（一）计量标准器及配套设备

1.计量标准器及配套设备的配置（为重点考评项目）

计量标准不仅包括硬件部分，也包括用于测量和数据处理的各种软件。计量标准配套的基本原则是科学合理，齐整完全。对计量标准配置的最终要求是满足依据技术规范开展检定或校准工作的需要。

2.计量标准器的溯源性（为重点考评项目）

计量标准应当定期溯源至国家计量基准或社会公用计量标准。计量标准器及主要配套设备均应有连续、有效的检定或校准证书（包括符合要求的溯源性证明文件）。

（二）计量标准的主要计量特性

（1）计量标准的测量范围。

（2）计量标准的不确定度或准确度等级或最大允许误差。

（3）计量标准的重复性。

（4）计量标准的稳定性。

（5）计量标准的其他计量特性（灵敏度、鉴别力、漂移、滞后等）。

计量标准器及主要配套设备的计量特性必须符合相应的计量检定规程或技术规范的规定。

（三）环境条件及设施

温度、湿度、洁净度、振动、电磁干扰、辐射、照明、供电等环境条件应当满足计量检定规程或技术规范的要求。根据计量检定规程或技术规范的要求和实际工作需要，配置必要的设施和监控设备，并对温湿度等参数进行监测和记录。对检定或校准工作场所内互不相容的区域进行有效隔离，防止相互影响。

（四）人员

（1）有能够履行职责的计量标准负责人。

（2）有持证的检定或校准人员持有本项目计量检定员证。

（3）持有相应等级的注册计量师资格证书和质量技术监督部门颁发的相应项目注册计量师注册证。

（五）文件集

为了满足计量标准的选择、使用、保存、考核及管理等的需要，应建立计量标准文件集。文件集是原来计量标准档案的延伸，是国际上对计量标准文件集合的总称。文件集应该包括以下文件：

（1）计量标准考核证书。

（2）社会公用计量标准证书。

（3）计量标准考核（复查）申请书。

（4）计量标准技术报告。

（5）计量标准重复性试验记录。

（6）计量标准稳定性考核记录。

（7）计量标准更换申报表。

（8）计量标准封存（或撤销）申报表。

（9）计量标准履历书。

（10）国家计量检定系统表。

（11）计量检定规程或技术规范。

（12）计量标准操作程序。

（13）计量标准器及主要配套设备使用说明书。

（14）计量标准器及主要配套设备的检定或校准证书。

（15）检定或校准人员的资格证明。

（16）实验室的相关管理制度。

（17）开展检定或校准工作的原始记录及相应的检定或校准证书副本。

（18）可以证明计量标准具有相应测量能力的其他技术资料。

七、计量器具的使用与维护

计量器具是测量数据的基础，如果测量得到的数据不准确，那么将对企业的生产测试产生重大影响，甚至生产出不合格产品，影响整个企业的运行。加强对计量器具的管理、维护、可以确保测量数据的准确可靠，增强企业对产品质量的管控，降低企业生产风险。

当部门需要采购新的计量器具时应及时提交采购申请，采购部门按照申请及时采购符合要求的计量器具，计量器具到货后应由专业人员和经办人进行货物验收，验收合格后移交设备管理人员管理并建立好档案信息，并及时申请检定或校准，检定或校准合格后及时在仪器设备上张贴设备状态标志。计量器具在日常使用中应有专人负责管理使用，对于计量器具应有专门的实验室存放，并做好标示标记，实验室环境条件应满足要求并做好实验场所环境参数记录；仪器设备操作人员应培训合格后才可操作使用设备，设备使用前应对仪器进行检查，确保设备能够正常使用，使用人员在操作设备时应按照使用规范正确操作测量数据并做好设备使用记录；对仪器设备应制订设备维护保养计划，按照维护保养手册要求认真做好保养确保设备运行顺畅，并记录好维护保养记录；当仪器设备出现问题影响使用或计量数值不准确时，应立即停止使用，并向有关领导汇报情况，请专业人员进行查看确定存在的问题，需要维修的请设备售后服务人员进行维修，维修后要做好验收，如果维修影响到了设备的计量准确性，那么维修完成后要重新申请检定或校准，仪器设备检定或校准后才可以重新使用并做好相关记录、状态更新；当仪器设备无法修复不能使用时，应按照规定程序申请报废并办理相关手续，报废的仪器应做好相关标示及时移出实验室。

八、计量器具管理中的职业道德

（一）计量工作的性质和职业特点

计量工作对企业生产起着基础和保障作用，对于企业内部建立计量标准的企业，就是将上级单位计量标准器具的量值通过本单位内的标准计量器具传递到本企业现场的计量器具，用于控制和指导企业生产。计量工作的性质决定了计量工作人员的职业特点：首先，计量人员是技术人员，必须掌握检定、测试相关的技术和能力，完成量值传递的工作任务；其次应该遵守国家相关法律、法规和规章制度；最后，必须遵循企业各项规章制度，确保出具的计量数据准确可靠。

（二）如何提高企业计量人员的职业道德

首先，企业领导和计量管理层应树立正确的计量意识。计量工作是最基础的一项工作，计量虽不能产生直接效益，但会间接影响和控制企业的生产效益。只有企业领导和计量管理层人员高度重视，正确对待计量工作，带领全体计量人员为公司提供可靠的计量器具，保证数据的准确可靠，才能保证企业生产过程的有效运行。其次，为公司提供准确可靠的数据是计量人员工作的目的，计量人员在遵守法律、法规的同时也应遵循基本职业道德，依法建立、保存、维护和使用计量器具，保证计量器具处于正常化；计量人员应以实事求是的态度开展计量工作，不受任何行政或经济等外部干扰，认真履行自己的职责；计量人员必须具有强烈的责任心，科学合理选择计量器具的配置，确保计量设备的资料和数据完整；计量人员要树立全心全意为企业服务的思想，与各使用部门建立有效的沟通；计量人员应该服从领导、相互尊重，避免不利于团队协作的现象发生；计量人员应具有积极进取的事业心，积极参加技术培训，提高技术水平；计量人员在解决计量器具出现的新问题时，应大胆应用和创新计量技术方法。

第四节 计量检校过程管理

一、计量检定与量值传递

（一）量值传递基本概念

说到计量检定和校准的概念，首先要搞清楚量值传递的概念和相关内容。因为，计量检定和校准都是为了准确传递量值而采取的技术方法。

1.量值传递概念

通过对计量器具检定或校准的办法，将国家基准（标准器）所复现的计量单位值，通过各级标准（装置）逐级传递到工作计量器具，以保证计量器具对被测对象所得的量值的准确和一致。

2.量值传递的特点

传递的对象表面是计量器具，实质是"量值"，是国家基准（标准）保存和复现的量值；手段是使用具有不同测量误差限（或准确度等级）的标准（装置）逐级传递，直至工作计量器具；逐级传递的过程中计量器具在检定与被检定中的主从关系及对技术、计量性能的规定就构成了量值传递系统，或称检定系统、量传系统、计量器具等级图等。

3.量值传递的必要性和基本方法

随着测量方法研究的深入、材料科学的发展、实验设施条件的改进，人类测量的能力和水平达到了前所未有的高度。但任何新的高度和水平都面临着新的局限与盲区，一方面，正是由于方法、工具、实验条件的局限，任何一种或一次的测量都始终具有不同程度的误差。另一方面，对于不同的行业、产品和不同的需求，对每次测量的准确度要求也不一样。因此，通过量值传递，才能明确不同等级标准器的测量误差，满足不同层次测量的需求。可见，量值传递是统一计量器具量值的重要手段，是保证计量结果准确可靠的基础。

量值传递的基本方式：实物标准逐级传递；标准装置全面考核；标准物质传递；发播标准信号等四种方式。也不排除随科学技术进步，采用新的方式传递，或对独特的量值采用独特的方式进行传递。

（二）计量检定的基本概念

1.计量检定的定义和特点

《通用计量术语及定义》（JJF 1001-2011）中对计量检定的定义是：查明和确认计量器具是否符合法定要求的程序。它包括检查、加标志和（或）出具检定证书。从定义可看出计量检定就是为了评定计量器具包括外观在内的品质、技术条件、计量性能是否符合规程规定的全面检查。重点是仪器的计量性能，并根据检定结果给出合格、不合格结论，加注标志或出具检定证书（或结果通知书）所进行的全部工作。

计量检定是量值传递过程采用的技术手段之一，是保证量值准确和统一的重要措施，是我国对计量器具进行管理的主要技术手段。在计量工作中具有十分重要的地位。

计量检定的特点和主要内容：法制性是计量检定最突出的特点。建立计量检定标准必须按照国家检定系统进行，计量标准器必须满足规定的技术条件和达到测量准确度等级要求，社会公用和企业最高计量标准必须经过政府计量部门考核。检定必须依据技术法规即检定规程规定的检定项目、检定条件、检定方法、周期（检定间隔时间即周期）以及检定结果的处理等要求进行。检定必须给出结论和有效期。

2.计量检定的方法：整体检定法和单元检定法

（1）整体检定法：其又称为综合检定法，指直接用计量基准或计量标准来检定计量器具的计量性能，是主要方法之一，在日常检定中主要采用这种方法。它分为：①用计量基准或标准来检定计量器具；②用标准量具检定计量器具；③用标准物质检定计量器具；④用标准信号检定计量器具。

特点：简便可靠，直接得出计量器具的误差，但在不合格时，有时较难确定原因。

（2）单元检定法：其又称为部件检定或分项检定，分别检定影响受检计量器具准确度的各项因素所产生的误差，然后通过计算求出总误差，以确定受检计量器具是否合格的方法。

特点：弥补整体检定不能涵盖的器具或对整体进行检定较困难时；用于探索新的检定方法，但检定和计算的过程均较烦琐，可靠性不高或较易出错，需做验证实验。

我国《计量法》规定，无论采用何种方法，"计量检定必须按照国家计量检定系统表进行"，"计量检定必须执行计量检定规程"。检定系统表和检定规程不是一成不变的，随着技术条件、经济条件的改变，对其进行修订，制定科学先进、经济合理的检定系统表和检定规程，既可保证被检计量器具的准确度，满足生产需要和技术发展，体现出国家计量技术和计量管理水平，又可避免标准器精度过高造成的浪费和维护成本及人力的不必要浪费。

3.计量器具的计量性能

计量器具的计量性能，是指与仪器测量功能和性能有关的与对器具功能性能造成影响的仪器的特性和技术指标。主要包括准确度、稳定度、重复性、量程、分辨力、测量范围、静态、动态响应特性等技术指标和特性。

需要强调的是，不能将计量器具的耐压、绝缘、额定工作条件等安全、环境、机械的特性指标与计量特性指标混淆。

（三）计量检定的实施

要实施计量检定工作，必须具备相应的标准器（装置）及配套设备、满足检定规程要求的实验室、检定技术人员和实验室管理人员等基本的标准设备与实验室设施条件。此外，如果作为企业或本行业最高计量标准或社会公用计量标准，开展相应计量检定，还需要通过建立计量标准考核许可和行政授权许可（限强制检定类项目适用）。概括起来，有法制要求、技术能力和行政管理三方面的实施要求。

（1）实施计量检定的技术条件

①具有计量性能符合规程要求并通过建立计量标准考核的标准器（装置）、标准物质等计量标准。

②有正常开展检定工作所需要的满足规程要求的实验场所和环境条件等基础设施。

③有满足相应条件和技术资质（如检定员证、注册计量师等）的研究、检定使用、维护的人员。

④具有完善的实验室管理、设备使用、维护和运行等制度。

上述技术条件中，计量标准设备是计量检定实施的物质基础。离开计量标准设备，检定工作就无从谈起。由于覆盖面、应用领域和在量值传递系统的地位不同，对同一个标准装置的功能，特别是准确度等级的要求也不一样。即使同为企业的最高标准，由于行业性质、产品特点不同，对标准装置的准确度等级要求也不一样。这里重点阐述一下企业建立量值传递体系，开展检定工作应遵循的原则。

（2）计量检测体系建立和设备配置应遵循的条件

①按照企业生产工艺过程检测、产品质量控制等企业经营管理和发展的需求，结合能力提升需要，确立企业计量检测体系建立的层次，确定配备企业所需的各类计量器具。

②依据企业计量器具的种类、功能、性能来确定要建立的计量标准的种类、数量和应具备的功能、性能。量值溯源是保证计量标准量值准确可靠的必要

技术手段，要严格按期定时对计量标准进行量值溯源。进行区间核查和参加量值比对，对保证计量标准的准确可靠，促进计量检定技术提高非常必要。

③在满足覆盖需求的同时，还要兼顾使用、维护、溯源的方便性。

④应基于上述基本要素对计量体系建立、检定工作开展进行技术经济分析。计量标准设备的性能指标是设备价格的重要构成部分，应避免"大马拉小车"的资源、资金浪费现象，尤其要杜绝功能、性能不能覆盖需求的情况发生。

（3）使用维护人员是检定实施的关键。从业人员的基本素质和综合技术能力决定了检定工作的质量。计量管理、检定工作岗位是企业关键的生产技术岗位，对该岗位重要性认识的不足和偏离，可能导致计量管理和检定工作质量低下以及不能满足企业需求的情况发生。要杜绝把计量管理、检定工作纳入后勤服务或闲职次要部门的做法。

（4）实验室基础条件和相应的管理制度。其是计量体系建立和检定实施的基础保障。维护和保持计量标准量值的准确可靠，是计量管理的主要内容之一，是保证被测量值准确可靠的前提。标准器（装置）的维护和保持需要满足一定的实验室与环境基础条件，建立和提供这些基础条件是企业的基础工作之一。

二、计量校准与量值溯源

（一）量值溯源的基本概念

计量校准的目的之一就是实现计量器具的溯源性。因此，在介绍计量校准前，首先介绍一下量值溯源的概念。

在《通用计量术语及定义》（JJF 1001-2011）中，对溯源性的定义是：通过一条具有规定不确定度的不间断的比较链，使测量结果或测量标准的值能够与规定的参考标准，通常是与国家测量标准或国际测量标准联系起来的特性。不间断的比较链称为溯源链。

（1）特点：量值溯源强调的是测量设备测得的"数据"的溯源性。强调的是主动从下向上寻求更高级的测量标准，确定被校仪器测量值的测量误差，本质是量值的统一和准确。在这过程中，不需按严格的等级，中间环节少。

（2）必要性。不管测量设备如何精密，测量的重复性如何好，如果测量的结果没有溯源性，数据就缺乏可比较性，就不可能保证测量值的统一、准确，测量结果也就失去了意义。量值溯源性是对测量设备最基本的要求。

（3）溯源的基本方法。只要通过溯源链将测量结果与更高的标准的测量值联系起来即可。因此，量值溯源的方式是多种多样的，除常用的计量检定和校准方式外，还有应用现代技术手段和数据统计、分析方法创新的多种量值溯源方式。

（二）计量校准的基本概念

在《通用计量术语及定义》（JJF 1001-2011）中，对校准的定义是：在规定条件下，为确定测量仪器或测量系统所指示的量值，或实物量具或参考物质所代表的值，与对应的由标准所复现的量值之间关系的一组操作。

可见，校准的主要含义是：

（1）在规定的条件下，即校准是在规定的技术条件下进行的。

（2）使用一个量值可溯源的参考标准，对包括参考物质在内的测量器具赋值，或确定其示值的误差，或确定其他计量特性。

因此，通过计量校准可以对计量仪器、测量系统或实物量具，评定示值误差，并可确定是否在预期的允差范围之内；得出标称值偏差的报告值，可调整测量器具或对示值加以修正；给测量的任何标尺标记或参考物质特性赋值，或确定其他计量特性；实现量值溯源性。校准依据的方法和周期可遵循统一的校准规范，也可根据对校准结果使用的需要，多方约定制定或自行制定。"根据对校准结果使用的需要"这一点很重要。在进行计量校准前，首先要明确校准的目的，才能根据目的选择参考标准、确定依据的技术规范和校准的内容。

（三）计量校准的实施

从校准的定义知道，实施校准必须有校准依据的技术规范、参考标准并满足一定的条件方可实施。依据的校准规范或校准方法可以是统一制定并在一定区域和范围执行的，也可以是依据设备使用的情况自主制定或委托校准实验室制定、共同商定的。

实施计量校准的技术条件要求主要有：

（1）具有计量性能，符合有关要求并通过建立计量标准考核的标准器（装置）、标准物质等标准。

（2）有正常开展检定工作所需要的实验场所和环境条件等基础设施。

（3）有满足相应条件的进行校准的使用、维护人员。

（4）具有完善的实验室管理、设备使用维护等制度。

可见，实施校准的技术条件与实施计量检定的技术条件基本相同。鉴于校准的自主性和灵活性，针对不同的校准目的，上述主要的技术条件的要求程度可以不同。当校准的目的是计量溯源时，必须严格执行上述技术要求，校准实验室必须建立了社会公用计量标准，具备相应资质；校准人员必须具有相应的知识结构和从业资质，校准的项目、提供的信息要满足量值溯源需求。

（四）校准结果应用的注意

校准侧重点是确定计量器具量值的误差，依据的校准规范和技术方法也不一定是强制性的。因此，校准的结果作为"量值传递"或"量值溯源"使用时要注意对校准过程、依据的规范和校准证书信息进行评估。一般来说，校准结果应该满足准确性、一致性、溯源性和法制性，校准的结果才能用于"量值传递"或"量值溯源"。

准确性、一致性表明校准结果具有可复现性和可比较性。其次，溯源性表明量值可溯源至最高标准，保证和量值源头的同一性，排除量值的多源或多头。最后，法制性指校准使用的标准（装置）经过建立标准考核，依据的校准规范和技术方法经过评审。计量校准的法制性也是源于计量的社会性特点。

（五）计量校准的发展趋势

计量器具的主要特性就是其计量特性。使用在不同环节和过程中的计量器具，对其计量特性要求的侧重点也不同。计量校准的灵活性满足了实际生产管理现实状况的需要，其正在发展成为"量值传递"或"量值溯源"的主要方式。

三、计量检校过程的控制

过程控制，是指为达到质量要求，对过程中的参数、因素等进行控制的过程。计量检校过程控制就是监控检校的各环节，为排除可能导致不合格、不满意的原因，以取得准确可靠的数据和结果而采取的作业技术活动、措施和管理手段等。计量检校过程的控制强调的是检校过程各个环节均处于受控状态。这些环节包括管理体系、人员、设备、环境条件、技术规程/规范、样品的处置等。其中，人员是计量检校过程控制的关键，设备功能、性能的控制是基础，管理体系、技术规程/规范的控制是保障。控制的方法就是针对检校过程可能产生影响的因素采取应对的控制手段、管理措施和技术活动。

可采取的控制手段、管理措施和技术活动的具体形式多种多样，可以是一次性的，也可以是定期进行的。如针对管理体系，定期进行内审和管理评审，保证体系的有效性和适应性；针对人员因素，具有继续学习和定期培训的计划与实施方案，通过人员比对和技术考核制度，控制人员因素；针对标准装置、设备的因素，通过制定期间核查计划并实施，通过量值比对、能力验证和实验室间比对等，实现对标准装置设备的控制；针对规程/技术法规及技术方法，可通过方法比对及定期技术法规、方法评审，保证规程/规范的现行有效，保证技术方法的科学先进，实现对方法的控制等。

计量检校过程的控制的措施和技术活动，针对不同行业和不同层次实验室的情况，侧重点、采取的方式和频次可能不一样，但保证检校质量的目的是一致的。在具体实施中，要因地制宜，制定符合性和可行性满足的控制措施与技术活动；同时要避免形式化、敷衍了事和过度控制、谨小慎微，从而妨碍了技术的创新和改进。

四、量值传递与量值溯源，计量检定与计量校准

（一）量值传递与量值溯源

关于"量值传递"与"量值溯源"的概念和特点等，前面已进行了介绍。"量值传递"与"量值溯源"都是为了使计量仪器设备的测量值准确和一致。因此，在本质上没有太大差别，只是在保证量值准确的过程中方向、依据和方式上有一定差别，阐述如下：

（1）过程的方向不同。"量值传递"从上往下，强调从国家建立的基准或最高标准器逐级向下传递量值，体现出一种政府的意志，含有强制性的含义。而"量值溯源"从下往上，强调通过连续不间断的溯源链，寻求更高级的测量标准，直至国家基准或最高标准，体现出溯源主体—种自发自觉地寻找"源泉"，体现出非强制性的自身需要即主动性。

目前，在我国两种方式并存，对涉及贸易结算、医疗卫生、安全防护、环境保护、能源资源等七个方面的计量器具，国家规定实行强制性检定，从上往下传递量值，体现国家确保量值准确一致的强制意念。对于上述七方面以外的计量器具，企事业单位可以自主依法溯源，即通过自下而上的自主送检、送校或其他方式保证量值的溯源性。

（2）采取的传递方式不同。"量值传递"的定义中强调"通过对计量器具的检定或校准"，这就决定了检定和校准都是量值传递的方式。而在"量值溯源"中只强调"通过连续的比较链，使测量结果能够与有关的测量标准联系起来"，只强调了量值的溯源性，并没有提到通过什么方法，也就是说，可以采取多种方式。这多种方式当然也包括了通常采用的检定、校准方式。目前，国内虽然对量值溯源的方式进行了研究和探索，如采用实物标准逐级传递、发放标准物质、发布标准数据、发播标准信号及计量质量保证方案等，有的已在推广试行。但最基本与常用的还是检定和校准。这主要是受管理理念、方式束缚和技术条件限制的原因。

（3）"量值传递"依据的规程和量传。系统表都规定了严格的等级要求，一般都是按照等级进行量传。但从保证量值准确的技术角度来说，高级别覆盖低级别也是可以的。"量值溯源"中强调的是连续不断的"比较链"的存在，可以不受等级的限制，甚至越级溯源。但实际溯源中，仍然要考虑溯源标准的测量值的不确定度。

总之，无论是通过量值传递还是量值溯源，目的都是要保证计量仪表测量值的可溯源性。目前，在企事业单位的计量管理工作中，无论国家强制管理与否，计量器具都要依法通过"量值传递"或"量值溯源"的渠道，采用检定、校准或其他方式，保证量值溯源性。

在我国的计量管理工作中，由于受传统管理思想、管理能力和技术水平的影响，强调通过"量值传递"保证量值准确一致的重要性是非常必要的。同时，注重"量值溯源"在计量管理工作中的作用，充分发挥企事业单位在保证量值准确一致中的主体作用，自觉、主动地对使用的计量仪器进行"量值溯源"。这样，"量值传递"和"量值溯源"就达到了本质上的统一与一致。

（二）"计量检定"与"计量校准"

（1）校准重点：校准的重点在计量器具的量值和量值的误差；检定则是查明和确认计量器具是否符合法定要求的程序，包括了对计量特性和技术要求的全面评定。可以说，在测量仪器功能/性能检查的全面性上，校准不如检定。

（2）检定依据：检定依据的是按法定程序审定、批准公布的计量检定规程。《计量法》规定"计量检定必须按照国家计量检定系统表进行"。国家计量检定系统表由国务院计量行政部门制定。计量检定必须执行计量检定规程，国家计量检定规程由国务院计量行政部门制定，没有国家计量检定规程的，由国务院有关主管部门和省、自治区、直辖市人民政府计量行政部门分别制定部门规程和地方计量检定规程，并向国务院计量行政部门备案。规定中两个"必须"体现出了检定的法制性和强制性。而校准的依据是校准规范、校准方法。这些可以是国家统一制定的，也可以是自行制定的，没有强制性。

（3）检定合格与否：检定要对所检的计量器具做出合格与否的结论。而校准不判断器具合格与否（因无强制的规范和方法，无统一的校准要求规定），但当需要时，也可确定计量器具的某一计量性能是否符合预期的要求。

（4）结果：校准结果通常是发校准证书或校准报告，检定结果合格发的是检定证书，不合格的发检定结果通知书。

虽然检定和校准具有上述各方面的差异性，但不能片面地将检定和校准对立起来。要摒弃现实工作中以校准代替检定或无视校准在量传中的地位的情况，发挥检定具有全面性，校准具有灵活性的特点。在计量标准器具的管理中，有国家规程的必须按国家规程进行检定。进行计量校准时，为保证量值的溯源性，必须考虑作为溯源标准的测量不确定度（或最大允许误差），特别是对计量标准器具的校准必须确定计量性能是否符合或使用者必须对校准结果的满足性做出评估。检定与校准都是实现单位统一和量值准确可靠的主要方式，具有不同的侧重和应用场合，它们不可能被相互代替，在量值传递或量值溯源中都具有重要的地位。

第五节　过程质量技术控制

一、计量确认

（一）概述

测量控制体系，是指为实现测量过程的连续控制和计量确认所需的一组相关的或相互作用的要素。有效的测量控制体系，可以保证测量设备和测量过程始终满足其预期的要求，从而保证测量结果的准确性。测量控制体系的目标，在于控制由测量设备和测量过程产生的不正确的测量结果及其影响。测量控制体系采用的方法不仅包括测量设备的标准/检定，还包括应用统计技术对测量过程的变异做出的评价。

为保证测量控制体系满足规定的计量要求，所有测量设备都必须经过计量确认，而且测量过程应受控。因此，测量控制体系由两部分组成：一是测量设备的计量确认；二是测量过程实施的控制。《中华人民共和国计量法实施细则》第十二条规定："企业、事业单位应当配备与生产、科研、经营管理相适应的计量检测设施，制定具体的检定管理办法和规章制度，规定本单位管理的计量器具明细目录及相应的检定周期，保证使用的非强制检定的计量器具定期检定"。

计量确认："为确保测量设备符合预期使用要求所需的一组操作"。对于一个具有测量活动（例如在设计、检测、生产和检验中的测量活动）的组织，必须设计并实施计量确认。计量确认通常包括校准和验证、各种必要的调整或维修及随后的再校准、与设备预期使用的计量要求相比较以及所要求的封印和标签。从这一论述出发，计量确认过程是由两个输入与一个输出组成：一个输入是组织的计量要求（CMR），即组织根据相应的生产过程规定的测量要求；另一个输入是计量仪器经校准后的测量设备的计量特性（MEMC）；一个输出是验证确认标识，即测量设备确认状态。整个计量确认过程就是围绕这三项内容进行的。体系内的测量设备只有通过计量确认并证明其满足规定的计量要求，方可谈得上实现关键/特殊测量过程的有效控制。计量确认的内容通常包括：

（1）测量设备的校准。

（2）测量设备的验证。

（3）与设备预期使用的计量要求相比较。

（4）各种必要的调整及随后的再校准。

（5）各种必要的维修及随后的再校准。

（6）各种必要的调整及随后的与设备预期使用的计量要求相比较。

（7）各种必要的调整及随后的与预期使用的计量要求相比较。

（8）各种必要的调整及再校准后所要求的封印。

（9）各种必要的维修及再校准后所要求的封印。

（10）各种必要的调整及再校准后所要求的标签。

（11）各种必要的维修及再校准后所要求的标签。

（12）当测量设备的封印被发现损坏、破损、转移或丢失时应采取的措施。

（13）当测量设备的保护装置被发现损坏、破损、转移或丢失时应采取的措施。计量确认的内容包括测量设备的校准和测量设备的验证。

（二）"计量确认"的定义及解释

（1）在《通用计量术语及定义》（JJF 1001–2011）中，"计量确认"的定义为"为确保测量设备处于满足预期使用要求的状态所需要的一组操作。""计量确认"的目的是确保测量设备的计量特性满足测量过程的计量要求。预期使用要求，指的是对测量设备的性能的要求，包括测量范围、分辨力、最大允许误差等，也就是说，要想完成计量确认，首先必须知道预期使用要求，然后针对这些要求对测量设备进行校准和验证。其次通过校准得出测量设备的实际计量特性的指标，再将测量设备的实际计量特性指标与预期的使用要求进行比较，看其是否满足预期的使用要求；若满足，则计量确认合格；若不满足，则对测量设备进行必要的维修、调试，然后再进行校准，再将校准结果与预期使用要求相比较，再次进行判断是否满足。

（2）在《测量管理体系测量过程和测量设备的要求》（ISO 10012：2003）中对"计量确认"有5个注明。其中的注1是："计量确认通常包括校准（测量设备与测量标准的技术比较）和验证、各种必要的调整或维修及随后的再校准、与设备预期使用的计量要求相比较以及所要求的封印和标签。"这个注1就是"计量确认"定义中所说的一组操作，从上述定义和注1中可以明确"计量确认"是由3个过程组成的，其中第一个过程是校准。校准就是按照量值溯源要求，通过上一级测量标准及其装置测出被测测量设备的实际具体量值或示值误差及其技术参数。第二个过程是计量验证。计量验证就是将被测测量设备的实际校准测量得出的具体量值或示值误差及其技术参数与该测量设备的计量要求进行比较，如果被测测量设备的实际具体量值或示值误差及其技术参数满足该测量设备的计量要求，则验证通过，即"计量确认"结论为"合格"，可填发合格标签并按要求进行封印。如果被测测量设备的实际具体量值或示值误差及其技术参数不满足该测量设备的计量要求，则验证无法通过，将进行第三个过程。第三个过程就是调整或维修。对在验证过程中发现被测测量设备的实际具体量值或示值误差及其技术参数不满足该测量设备的计量要求的，则需判断能否对该测量设备进行调整或维修。如果该测量设备已无修理价值或无法调整，则验证没通过，即"计量确认"结论为"报废"。如果该测量设备经调整或维修后，其再次校准的实际具体量值或示值误差及其技术参数满足该测量设备的计量要求，则验证通过，即"计量确认"结论为"合格"。可填发合格标签并按要求进行封印。"计量确认"的间隔可根据测量设备的示值稳定性、使用场合和使用频率等因素由企业自行确定。

（三）"校准"的定义及解释

从上述"计量确认"的定义和解释中可看出，"校准"是"计量确认"的核心。《通用计量术语及定义技术规范》（JJF 1001–2011）对"校准"的定义为"在规定条件下的一组操作，其第一步是确定由测量标准提供的量值与相应示值之间的关系，第二步则是用此信息确定由示值获得测量结果的关系，这里测量标准提供的量值与相应示值都具有测量不确定度。"据此"校准"可以理解为在规定的温度、温度变化率、湿度、照明、振动、尘埃量、清洁度、电磁干扰等各种环境条件下，用一个可参考的测量标准及其配套装置和工具，测出被校测量设备的实际具体量值及其技术参数，并将测量设备所指示或代表的量值按照校准链溯源到测量标准所复现的量值。"校准"可以确定测量设备的示值误差，并对示值加以修正。"校准"是量值溯源的产物，是企业为确保量值统一和准确可靠的自愿溯源行为，也是一种纯技术性工作。"校准"的技术依据是校准规范。校准规范可由国家统一规定，也可由企业自行制定。"校准"主要用于确定测量设备的示值误差，不判断测量设备合格与否。"校准"具有较好的实用性和灵活性，企业只需关心被校测量设备的计量要求中规定的项目、计量特性和量程，或者只需明确被校测量设备的量值与测量标准所复现的量值之间的一一对应关系，对国家统一规定的校准规范中罗列的计量特性的技术指标仅做参考。计量校准人员可根据实际校准结果填发校准证书/报告及校准状态标识。

（四）"检定"的定义及解释

《通用计量术语及定义》（JJF 1001–2011）对"检定"的定义为"查明和确认测量仪器符合法定要求的活动，它包括检查、加标记和/或出具检定证书。"从此定义中可看出，"检定"具有法制性，其对象是法制管理范围的测量仪器。"检定"的依据是按法定程序审批公布的国家计量检定规程。"检定"可以理解为，按照检定规程要求的检定项目和检定所需的测量标准及其配套装置与工具，以及所规定的检定条件，一项项地对被检测量设备进行检查。检定规程规定了每个被检项目的技术要求的检定方法以及允许误差范围。只有当被检测量设备完全满足检定规程所要求的各项项目规定的技术要求以及允差范围，检定结论才为"合格"，检定部门才可填发合格标记，出具检定证书，否则填发检定结果通知书，注明超差项目或超差参数。被检测量设备的检定周期不得超出检定规程规定的期限。"检定"是对测量设备的计量特性及技术要求的全面评定。从事检定的计量工作人员必须经检定机构考核合格，并持有有关计量行政部门核发的检定员证。

（五）"计量确认"与"检定"的区别

从"计量确认"的定义中可看出，"计量确认"的含义和法制计量中的"检定"是有区别的。"计量确认"是由校准、验证、调整或维修三个过程组成的，其核心是校准。"检定"是按照国家检定规程的要求对测量设备进行检查。"计量确认"和"检定"都需要封印和标签，但"计量确认"还包括调整或维修过程，而"检定"却不包括调整或维修。"计量确认"有验证过程，"检定"不存在验证过程。"计量确认"的技术依据是国家统一规定的或企业自行制定的校准规范以及企业对该测量设备的计量要求，而"检定"的技术依据是按法定程序审批公布的国家计量检定规程。"计量确认"是根据校准结果得出被测测量设备的实际具体量值或示值误差及其技术参数，与该测量设备预期使用的计量要求相比较来做出合格与否的结论。而"检定"是根据对被检测量设备是否完全符合国家计量检定规程规定的计量特性和技术要求做出合格与否的结论。

（六）"计量确认"与"检定"相同的唯一情况

只有在唯一一种情况下，"计量确认"与"检定"相同。那就是当"计量要求"须根据法律法规的要求确定时，"计量确认"就等于"检定"。如锅炉制造行业中用于压力容器水压试验的压力表，其"计量要求"就是国家计量检定规程《弹性元件式一般压力表、压力真空表和真空表检定规程》（JJG 52-2013）所规定的计量特性和技术要求。因为用于压力容器水压试验的压力表属国家规定强制检定的计量器具。

（七）进行"计量确认"工作的具体实施过程

从"计量确认"的定义中可知，"计量确认"是由校准、验证、调整或维修三个过程组成的。其中校准、调整或维修在企业原来的计量工作中都大量并长期存在，只是一直没有把"校准"作为实现量值统一和准确可靠的主要方式，而用"检定"代替"校准"。"计量确认"的三个过程中只有验证这个过程对企业来说是新概念。

（1）要确定企业的计量要求（CMR），企业的计量管理人员要根据生产过程规定的测量要求（生产工艺过程中规定的），在考虑错误测量的风险及其对组织和业务的影响等基础上进行评定，最后用最大允许误差来表达与生产过程相应的测量设备的（CMR）。从理论上讲，这个评定过程是比较复杂的，既要考虑生产成本，又要考虑错误测量风险对企业带来的影响。为简化这个评定，在实际的评定中，一般都将测量极限误差同生产工艺中规定的数值（尺寸）公差保持在1/3~1/10范围内[即计量仪器的检定误差$U \leqslant$（1/3~1/10）T（T为被检参数允差）]，就基本达到上述考虑的要求，这已是通行的惯例原则。

（2）各单位的计量管理人员要有计划地安排所有计量器具（仪器）的周期检定与校准，以解决计量仪器的量值溯源与确定其测量能力。根据我国《计量法》的规定，凡是属于强制检定的计量器具，必须由政府计量行政部门指定的计量检定机构实施强制检定，检定合格出具检定证书。所以在企业内部，凡属于强检的计量器具，要送法定计量检定机构进行检定；其他计量器具，则由企业自行决定委托包括法定计量检定机构在内的有资格的实验室进行检定/校准。但要注意，虽然检定/校准都可以解决计量仪器量值的溯源，但由于在它们含义上有较大区别，所以在计量确认时还是有着不可忽视的区别。

根据《计量法》等法律、法规的规定，检定是指查明和确认计量器具是否符合法定要求的程序，它包括检查、加标记和（或）出具检定证书。同时规定，检定必须依据按法定程序审批公布的计量检定规程进行，检定结果必须做出合格与否的结论，合格的出具检定证书，不合格的出具检定结果通知书。而校准的含义，根据ISO/IEC17000标准，校准是指在规定条件下，为确定测量仪器或测量系统所指示的量值，或实物量值或参考物质所代表的量值，与对应的由标准所复现的量值之间关系的一组操作。从上述可以看出，虽然二者都完成了测量仪器的量值溯源，但是在对测量仪器的评定上有很大的区别。对检定而言，检定机构出具的检定证书已非常明确评定了测量设备的计量特性（MEMC），检定合格的计量仪器是全面符合国家计量检定规程中所规定的要求（包括测量能力与准确度等级），而校准报告（证书）一般是不给出对仪器的评定结论，只给出与标准量值所对应的量值，即相应的测量设备的计量特性（MEMC），最后要由单位计量管理人员根据实际测量过程的计量要求进行评定，所以在计量确认最后步骤，即验证测量设备的确认状态过程时是不一样的。

（3）在得到计量检定证书或计量校准报告后，企业计量管理人员要进行计量确认的最后过程，即要将MEMC与CMR进行比较，一般来讲是将测量设备测量误差与CMR规定的最大允许误差比较。如果测量误差小于最大允许误差，说明仪器设备符合要求，能够确认使用、确认该仪器设备，并确定计量确认间隔。否则，则不能确认，需转入后续工作，如调整、维修、再校准，或添置新的计量仪器设备，直至符合计量要求。在将MEMC与CMR进行比较时，由于计量检定与校准的不同，操作时有不同的做法。如是检定证书，由于证书已经评定计量仪器是合格的，则可马上给予计量确认（选型有问题的除外）；如果是校准报告，则要认真分析校准报告中给出的各参数量值与标准值的差异，同时要考虑测量不确定度，然后与计量要求（CMR）进行比较，来验证该计量仪器是否符合计量要求，如果符合，则给予确认，否则，则不能给予确认。因此，从过程来讲，计量校准后的计量确认比有检定证书的计量仪器要复杂一些。

以上是对仪器设备的计量确认过程作了简明扼要论述，以便于企业计量管理人员对计量确认过程的认识与实施。从我国《计量法》的规定来看，只有建立社会公用计量标准的法定计量检定机构和政府授权的检定机构才能对外开展计量检定，出具计量检定证书；其他实验室（通过CNAS认可的）仅能开展计量校准，出具校准报告。对此，各单位计量管理人员在实施计量仪器设备的计量确认时，特别是在确定溯源方式时，要将此作为一个因素给予考虑。

（八）计量确认程序的要求及应注意事项

计量确认程序必须包括测量设备校准与验证，测量设备计量特性适宜性的判定，计量确认间隔的确定与评审（包括不合格的测量设备维修、调改后的评审），当封印或保护装置被发现损坏、破损、转移或丢失时采取的纠正措施等。

应当注意计量确认程序还包括：

（1）如果测量设备实施计量确认已处于有效的校准状态，不必重新校准。

（2）计量确认程序包括验证测量不确定度的方法。

（3）计量确认程序包括验证测量设备误差在计量要求规定的允许限内的方法。

另外，计量确认程序需明确接收产品的组织或个人（内部与外部的消费者、委托人、最终使用者、零售商、受益者、采购者等）。

（九）进行"计量验证"工作的具体实施过程

"计量验证"是"计量确认"的一个重要过程。"计量验证"就是将被测测量设备经校准得出的实际具体量值或示值误差及其技术参数与该测量设备预期使用的计量要求进行比较，只有被测量设备的实际具体量值或示值误差及其技术参数满足该测量设备预期使用的计量要求，验证才算通过。验证工作通常由计量人员完成。在计量验证工作中，计量人员需要得到两个方面的计量数据：一个是被测量设备经校准得出的实际具体量值或示值误差及其技术参数；另一个是该测量设备预期使用的计量要求。然后将两方面的计量数据进行比较得出验证结论。被测量设备的实际具体量值或示值误差及其技术参数可经校准过程得到。

（十）确定测量设备的"计量要求"

测量设备的"计量要求"为测量范围、分辨力、稳定性、最大允许误差、允许不确定度、环境条件、操作者技能要求等。因为测量设备是用于进行测量的工具，所以测量设备的"计量要求"可根据测量过程的"计量要求"计算取得。一般测量设备的测量范围是测量过程测量范围的1.5~2倍，测量设备的分辨力和稳定性可根据图纸要求确定，其最大允许误差一般取测量过程最大允许误差的1/3~1/10，测量不确定度可根据测量过程的要求按统计方法算出，环境条件和操作者技能要求可根据工序要求确定，测量设备的"计量要求"也可从产品要求导出，如产品合同、设计图纸、制造规范、工序卡、检验规范等。另外，测量设备的"计量要求"也可参考国家公布的测量设备制造标准，以及生产厂家提供的测量设备使用说明书或相应的计量校准规范确定。企业应将从各种渠道得到的用于不同测量过程的测量设备的计量要求进行归纳和保存，并编写标识号，以备继续使用和不断完善。

二、计量比对

（一）"计量比对"的定义及解释

在《计量比对》（JJF 1117–2010）中，对计量量值比对进行了重新定义：在规定条件下，对相同准确度等级或指定不确定度范围的同种测量仪器复现的量值之间比较的过程。计量比对是一种评定实验室检测或测量能力的有效方法，以随时监控实验室的持续测量能力。因为计量比对也可以简单地确认计量设备计量性能，现在已被越来越多实验室和计量器具使用部门广泛采用，为计量设备的准确可靠提供了有效的技术保障。

（二）计量比对的依据

为了确保计量标准的量值准确可靠、统一，进一步规范我国量值比对工作，提高量值比对的工作质量，依据国家质检总局于2008年6月发布的《计量比对管理办法》《计量标准考核规范》（JJF 1033–2023）、《计量比对》（JJF 1117–2010）的要求，以及《合格评定能力验证的通用要求》（GB/T 27043–2012），在评价参加比对实验室的测量结果时，有三个基本步骤：

（1）指定值的确定。

（2）能力统计量的计算。

（3）能力评价。

根据上述三个基本步骤，基于指定值（参考值）几种不同的确定方式，分析如何运用一定的统计方法，实验室计量数据的准确性是企业生产经营核算的基础，计量比对是监控计量数据准确的重要手段。

（三）量值统一与比对

从狭义上说，所谓比对是指在规定条件下，对相同准确度等级的同类计量基准、计量标准或工作计量器具的量值进行的相互比较。从广义上说，相互比对是指由两个或多个实验室，按照规定的条件，对相同或相似的物品或材料在实验室之间所进行的组分、性能的评价和测试相互比较。因此，广义的比对实际上已经突破了仅限于相同准确度等级的计量器具之间相互比较的限定。比对不仅可在缺少更高准确度计量基准时，通过比对来统一量值，是使测量结果趋向一致的重要手段，而且也可以通过比对评定每一个实验室的测量器具的量值相对于比对参考值（或认可值、定义值）之间的一致程度。

（四）实现量值溯源的途径和无法溯源时的措施—能力验证和比对

能力验证和比对的含义：能力验证是有组织、有计划地考核各实验室相关参数的试验水平；比对是在无法直接实现量值溯源的前提下，所进行的相关量值的数据比对，二者均能间接证明相关量值的准确性。无法直接溯源的原因很多，有非标仪器问题，有量级较高国内无法溯源问题，甚至还有考虑经济效益，无法满足"就地就近、简捷便利"的原则而主动放弃溯源的问题。但从ISO导则17025以及目前国外普遍认同的做法来看，比对不失为一种较好的验证方法。比对属于无法直接实现量值溯源时的一种计量方式，是对不同计量器具进行的同参数、同量程的相互比对。实验室间比对可以自己组织（简单方法：一被测物由其他一个或多个实验室测量后再由自己实验室测量，比对测量结果），能力验证则需得到CNAS承认的机构组织的才行，不能自己组织。

CNAS承认的能力验证活动包括：

（1）实验室认可国际合作组织，如亚太实验室认可合作组织、欧洲认可合作组织等开展的能力验证活动。

（2）国际和区域性计量组织，如国际计量委员会、亚太计量规划组织等开展的国际比对活动。

（3）国际权威组织实施的行业国际性比对活动。

（4）我国国家认证认可监管部门和国家计量院组织的能力验证活动。

（5）CNAS认可的能力验证计划提供者提供的能力验证计划。

（6）与CNAS签署相互承认协议的认可机构组织的能力验证计划。

（7）与CNAS签署相互承认协议的认可机构认可的能力验证计划提供者（已在CNAS备案的）组织的能力验证活动。

（8）由其他各行业组织的能力验证和实验室间比对计划，如能够证明其运作符合ISO/IEC指南《能力验证计划的建立和运作》或《对能力验证计划提供者能力的要求》，在通过CNAS审核后，可予以承认。

（五）实现量值溯源和比对对机构和人员的要求

1.对机构的要求

上级检定机构必须向下级受传递机构出示承检能力的资质证明，且能在量值溯源图中找到相应的位置，并对所有量值的检定出具测量结果的不确定度报告。

2.对人员的要求

（1）检定/校验人员要具有相应量值检定的政府授权。

（2）在"关于计量认证中对检测仪器设备进行检定、校验和检验的规定"中，要求自校人员应是从事该项目5年以上的技术人员；而ISO导则17025中未做年限上的要求。自校人员首先应该是熟悉仪器操作、了解仪器原理和具有一定的分析判断能力的检校人员与设备管理员。不同的实验室可根据自身的情况按以上要求确定本部门的自校人员。

（3）比对的种类很多，当比对用于间接证明仪器的计量性能时，应由熟悉该仪器原理、具有一定经验和熟悉检测的人员进行。

（4）对于检定结果的判定，随着专用仪器的发展，计量部门已不可能对所有专用仪器出具检定报告，而多是校准报告，其结果要依据行业检定规程或部门的校验规范的技术要求进行判定。行业标准的不断推出，对相应标准计量器具的要求可能出现与国家通用检定规程在技术要求方面不一致的地方，主要原因是对受检产品合格判定的准确度及分辨力要求的级别不同。这就要求严格依据受检产品检测标准的技术要求，按照1/10或1/3法则判定受检仪器是否合格。另外，仪器的自校结果是否符合校验规范，也存在判断的问题。

（六）计量比对的方式和程序

比对实验可以是双边的，也可以是多边的，可在实验室内部进行，如采用人员比对、仪器设备比对、方法比对等方式进行质量监控。

（1）以计量比对作为质量监控技术的，其比对方式有实验室间比对、实验室内人员比对/仪器比对、方法比对。

（2）传递标准物品/盲样名称/存查样。

（3）比对量值（参量）。

（4）比对使用标准。

（5）比对实验条件：环境条件、仪器设备、人员资质。

（6）时间进度（起始时间及传递路线）。

（7）记录格式。

（8）测量结果。

（9）结果评审（含离群值剔除原则）。

三、期间核查

（一）期间核查定义

期间核查，是指根据规定程序，为了确定计量标准、标准物质或其他测量仪器是否保持其原有状态而进行的操作。使用简单实用并具有相当可信的方法，对测量仪器（包括计量基准、计量标准、辅助或配套的测量设备等）某些参数，在两次相邻检定/校准之间的时间间隔内进行的、维持其检定/校准状态可信度的一种技术核查。

测量仪器尽管进行了检定或校准，证书中给出了有效期，但鉴于实际运作的复杂性和由于存在自身材料的不稳定、元器件的老化、使用中的磨损、使用或保存环境条件的变化、搬动和运输以及一些意外情况的发生（如过载、碰撞等）都可能影响其性能和准确度，从而直接影响到实验室检定、校准、检测结果的准确可靠。期间核查的目的就在于确认测量仪器或计量标准上次检定校准时的性能相对不变，或及时发现其量值失准并缩短失准后的追溯时间，以便尽可能降低成本和风险，有效地维护实验室和客户的利益。

期间核查不能代替检定或校准。检定或校准的核心是用高一等级计量（基）标准对测量仪器的计量性能进行评估，以获得该仪器量值的溯源。而期间核查只是在使用条件下考核测量仪器计量特性有无明显变化，由于核查标准一般不是高一等级计量（基）标准，这种核查不具有溯源性。因此期间核查不是缩短检定或校准周期后的另一次检定或校准，而是用一种简便的方法对测量仪器是否依然保持其校准或检定状态进行的确认。在能够达到期间核查目的的条件下，尽量采用较少的时间和较低的测量成本，所以期间核查的方法只要求核查标准的稳定性高，并可以考察出示值的测量过程综合变化情况即可。

（二）期间核查的对象

《法定计量检定机构考核规范》（JJF 1069−2012）对期间核查的要求有以下两个条款：“当需要利用期间核查以维持设备检定或校准状态的可信度时，应按照规定的程序进行。”“应根据规定的程序和日程对计量基准、计量标准、传递标准或工作标准以及标准物质进行核查，以保持其检定或校准状态的置信度”。在《检测和校准实验室能力的通用要求》（GB/T 27025−2019）中也规定，“当需要利用期间核查以保持设备校准状态的可信度时，应按照规定的程序进行”，“应根据规定的程序和日程对参考标准、计量基准、传递标准或工作标准以及标准物质（参考物质）进行核查，以保持其校准状态的置信度”。

考虑到在溯源链中的地位，只要有可能，实验室应对其所用的计量基准、计量标准、参考标准、传递标准或工作标准以及标准物质（参考物质）根据规定的程序和日程进行期间核查，并保存其记录。对辅助设备和其他测量设备并非都要核查，应根据在实际情况下出现问题的可能性、出现问题的严重性及可能带来的质量追溯成本等因素，合理确定是否进行期间核查。一般应对处于下列情况之一的测量设备进行核查：

（1）对测量结果具有重要价值或重大影响的设备。

（2）不够稳定、易漂移、易老化和使用频率高的设备。

（3）使用过程中容易受损的设备。

（4）脱离实验室直接控制（如借出后返还）和经常携带到现场检测的设备。

（5）使用或存储环境很恶劣或发生剧烈变化的设备。

（6）使用寿命临近到期、临近检定或校准周期的设备。

（7）能力验证出问题和曾经过载或被怀疑数据有问题的设备。

（8）首次投入运行不能把握其性能的设备。

（9）有特殊规定的或仪器使用说明中有要求的。

（10）具备相应的核查标准和实施核查条件的。

实验室通常并不需要对仪器的所有功能、所有参数和全部测量范围进行核查，主要针对设备的关键测量参数、基本测量范围及其常用的测量点或稳定性不佳的某些参数、范围或测量点进行期间核查。对于性能稳定的实物量具，如砝码、量块等，通常不需要单独进行期间核查。这是因为从材料的稳定性而言，在检定或校准间隔内不会出现大的量值变化。玻璃量具等性能稳定的计量器具一般也可不作期间核查。

（三）核查标准的选择

核查标准的选择可采用高一等级计量标准、性能稳定的相同等级及其他计量标准或测量设备标准物质等。选择核查标准的原则一般为：核查标准应具有核查所需的参数和量值，能由被核查仪器或计量（基）标准测量；核查标准应具有良好的稳定性，有些计量标准或测量设备的核查还要求核查标准具有足够的分辨力和良好的重复性，以便核查时能观察到计量标准或测量设备的变化。

（四）期间核查的实施

1.期间核查程序的制定

实验室应制定期间核查的程序，期间核查的程序文件应包括需要实施期间核查的计量标准或测量设备；核查工作管理和执行部门各自的职责分工及工作流程；核查计划的制订和核查方案的编制；核查方法的选择和评审程序；核查发现异常时应采取的措施；等等。

2.期间核查计划与方案的制订

期间核查计划应覆盖实验室所有计量标准和有必要进行核查的测量设备、核查时间、核查方法、核查部门或责任人以及核查结论等。每年的期间核查计划可以有所不同，核查的对象和频次可适当调整。实验室对每件核查对象制定的核查方案内容应包括选用的核查标准；核查对象的核查参数与核查点；核查方法与步骤；核查频次；核查记录的方式；核查结果的判定原则；核查发现异常时应采取的措施，等等。

3.期间核查作业指导书的编制

实验室在进行期间核查时，没有核查方法的应编制期间核查的作业指导书。作业指导书应包括：被核查的计量标准或测量设备；使用的核查标准；核查参数与核查点及其测量方法；核查的记录信息、记录形式及记录的保存；必要时，核查曲线图或核查控制图的绘制方法；核查的时间间隔；需要临时增加核查的特殊情况的规定；核查结果的判定原则及核查结论。

（五）期间核查记录和核查结果的处理

1.期间核查记录的内容和形式

期间核查作为实验室内部质量管理活动的内容之一，在记录、分析核查数据时，可以针对不同被核查的计量标准或测量设备、不同方法，自行设计适用的记录表格。但无论采用何种记录形式，记录的信息应该充分，记录内容应完整，对核查中所有可能影响结果数据的环节均应记录，应给出被核查测量设备是否仍然维持在可用范围内的结论。期间核查的记录形式可采用表格和图的形式，它应便于判断校准状态是否发生变化及便于分析计量标准或测量设备的变化趋势。

核查记录应包括期间核查方法依据的技术文件；被核查计量标准或测量设备的基本信息（名称、编号、生产厂、准确度等级、测量范围以及使用附件等）；核查标准的信息（名称、编号、生产厂、使用的参数、测量范围、测量点等）；核查时的环境条件（温度、湿度、大气压等）；核查原始数据和处理过程的记录；核查曲线图或控制图；核查时间；核查的参数；核查操作人员签字；核查结论；必要时应有拟采取措施的建议。

2.期间核查结果的处理

当期间核查发现被核查的计量标准或测量设备性能超出预期使用要求时，首先应立即停止使用；其次要采用适当的方法或措施，对上次核查后开展的检测工作进行追溯，分析当时的数据，评估由于使用该设备对检测结果造成的影响，实施纠正、预防措施。

第五章 设备的智能化检测技术

第一节 电力设备智能检测系统应用探析

一、电力设备智能检测系统应用背景

近年来，我国电力系统检测行业已经迎来了快速健康发展的一个黄金阶段，同时对我国电力设备状态检测也提出了更高的要求。目前，各种常规电力检修检测方式，比如定期现场巡检和事后跟踪检修，已经难以完全满足快速准确高效的电力检测服务需求。我国电力设备的运行状态智能监测评估系统泛指在电力设备内自带电源的条件下对状态检测数据进行特征提取的检测过程，掌握电力设备的潜在运行状态情况，进行智能状态监测评估。我国电力设备运行智能状态检测监控系统因其同时具有准确、安全和抗干扰等三大特性，使它能很好地实时反映电力设备的运行状态，通过光学成像分析原理清晰准确反映电力设备的状态影像，有利于电力设备潜在故障运行情况的分析诊断和潜在安全风险的分析判断，是电力设备运行状态监测评估和事后检修的有效检测方法。

增强电网的基础建设水平正在被各地方政府重视，更多的建设资金投入到对入网设备的完善中，对电力相关物资的规范化管理也越发深入，整体的采购材料和相关设备呈指数增长。在所有电力系统中配电系统直接关乎着群众用电安全，由于复杂的建设结构，导致其所使用的物资整体覆盖面宽泛，使用基数庞大，所使用的配网物资标准与质量对配网系统的安全性与稳定性产生直接影响。

二、电力设备智能检测系统的主要特点与优势

（一）系统特点

该系统的核心内容在于可以依据物资类型与测验标准向检测方智能推荐最佳的检测方案，以满足检测方式多样化的需求。该系统将基于流水线的形式，具有强大的数据整合与分析能力，可以将所有有关的电气测试项目进行融合、整理、归类，最终纳入同一个流水线上，该流水线可以全程自动化完成相关项目的测试、操控与数据获取及存储。最终该系统具有良好的输出性，能够将所收集的数据或实验的测试结果以规范格式进行下载，该系统实现了对以往类别单一电气试验模式的突破。整体而言，该系统同时具备样品运输自动化、数据采集集成化、检验过程流程化、安全标准规范化的特点。

（二）系统优势

（1）样品运输方式方面：电力设备类型多样，体积、重量千差万别。对于重量大、难以移动的大型电力设备，需要专业的电力设备拆装人员及运输车辆将设备进行拆卸与运输。对于体积小、重量轻的电力设备，可直接使用吊车将设备进行平行搬运以供检测。无论哪种类型的电力设备，在检测过程中都存在着效率低、流程复杂的缺点，且人工方式进行的设备拆卸与运输存在潜在安全隐患。在该系统中，将配合使用交错式轨道平移履带对样品进行运输，通过用户端的操作界面实现对样品的智能化调运，从而保证被运输样品的安全性与准确性。

（2）试验操作流程方面：当单台电力设备涉及多项检测项目时，对检测设备的要求较高，检方需要通过多种仪器分类完成试验，对试验项目的衔接要求高，测试用时紧，工作人员需要接连完成多个检测项目。而在完成一些特定环境的电力设备测定试验时，例如局放、温升或耐压项目，需要极大功率的电源提供电力支撑并对各项屏蔽条件进行严格要求，上述测试器材需要多次搬运、组配才能进行试验。上述试验流程需要反复对线路进行更改，测试过程紧张，工作人员劳动强度大，测试效率低，尤其是进行交流耐压等具有危险性的试验时，由于设备与环境所限，很难将所测设备与人员进行彻底隔离，导致在检测过程中人员安全存在极大隐患。这里所提及的智能检测系统可以有效解决上述问题。该系统可以将110 kV或低于此电压的各类型电气类试验项目分层次、规范整合到单个检测

线上，该线可以同时容纳具有不同重量、尺寸、构造的各类检测设备进行工作。该系统还配有自动收放线、切换线的智能化局部装置，大幅度降低了换线用时，改善试验流程的烦琐性，提升试验操作效率。

（3）数据存储与管理方面：以往对电力设备的测试结果需要进行人工记录与存档，这种方式存在两个问题，一是测试结果容易出现记录错误，二是数据长期存档容易丢失。智能检测系统将基于大数据技术，海量存储历史测试数据，并以时间、设备类型、地点等字段作为限制，将数据进行分类存放以供后期检索与管理，具有良好的可追溯性。在检测结果方面借助云计算技术联网分析试验数据，并基于给定公式与标准对数据进行计算与比较，快速得到设备的最终检测结果，避免了测算结果在计算过程中出现的人为失误。

（4）安全防范方面：电力设备检测由于检测项目与设备类型的不同导致检测所用的实验场所不固定，人工方式进行试验，难以保证人员与设备彻底隔离，导致存在安全隐患。智能检测系统通过区分试验项目与场所，调动不同的试验装置与线路，可以对温升试验的参数进行重复调配，提升试验的可重复性、缩短样品搬运时间。该系统基于流程控制软件，通过按键化操作，提升操作简便性与安全性。

三、系统架构

（一）系统各部分功能介绍

该系统主要基于无线局域网技术，能够将主控操作系统同各部分的试验工位进行无线网络连接。将FPGA与ASP.NET技术相结合，系统中的各部分既相互独立又能够互相联合，可进行并发操作，对配电设备进行智能化诊断。

（二）功能

该系统对不同类型试验任务所涉及的检测设备及不同环境的试验工位进行模块化联合设计与分装，使之前单一功能的工位同时具备对多种电力设备进行多元化检测的能力，不同的试验设备可以根据试验需求进行自由切换与结合，实现了对试验流程的简化，在进行设备检测与维护时可以做到一举并发，智能检测系统通过所配备的通信模块对信息进行汇总与安全状态监测，将各个试验中的数据分析结果及所涉及数据分块存储于子系统数据库中，并可基于用户端对数据进行远程访问、分析、管理，实现了对数据的智能化管理。该系统中，单个工位所配备的光纤通信具有强大的屏蔽功能，能够在试验过程中相互独立，避免了互相干扰对试验结果造成的误差，整体信息化程度较高，实现了试验流程的智能化。

（三）自动化切换线装置功能

该装置保证了试验过程中接线方式的简便，具体操作方式为将变压器自身的高低压接线端端口同此系统的切换线设备输出端口进行连接。各试验仪器间保持运行的相对独立，不会互相干扰，安全性能良好。该装置一次接线即可完成，可并发式在同一时间段内完成对多种不同类型常规试验内容的检测，实现了接换线过程的无人化操作，总体效果理想。

（四）自动化收放线装置功能

在待接受试验样品运输至指定工位后，系统可以自动感应并下放进行此次试验所需的测试线组，在试验结束，且试验报告分析完成时，该系统可自动撤回本次试验所涉及的测试线组。

四、系统应用与运行

电力设备智能检测系统的运行主要基于信息化的线上操作流程，实现了对测试设备及工位的智能化控制，将设备基础运行状态监管、试验结果检测与试验设备智能化操作完美结合在一起。

（一）操作系统

为了使用的简便性，该系统分设Windows版本与Android版本。前者主要应用于控制室对智能系统的监管与运行，从整体上把控系统情况，也是该系统执行与终止的最终决定方；后者主要基于移动平板对该系统进行操作，通过软件式的管理项目，点击在线图标按钮即可完成对试品的测试、参数调整、测试切换等任务，并可在线查询试品的检测结果，具体有"新建试验""试验状态""工位状态"等功能。其中，"新建试验"功能可以通过平板的后置摄像头对待检测物资的二维码进行扫描与识别，通过该码建立唯一试验通道，并将其与其他试验进行区别。

（二）主控操作

该系统主要基于ASP.NET框架进行搭建，以面向对象的思想作为主要设计思路，结合DB2对数据进行存储、分析与处理，保证了系统中各模块的相互独立与维护简易性。基于局域网能够实时对工位目前的运行状态信息进行显示，以便及时调整参数与配置，提供在系统运行过程中所需要的各类参数与基础数据支持。

（三）工位控制

在将试验任务通过该系统的主控软件进行单项解析后，可以将进行此次解析的具体参数、试验任务条例以及试验进行顺序通过局域网传达给工位控制软件，工位依照控制程序进行流程化试验。在测试过程中，工位控制软件可以基于上述装置的功能（自动切换线装置、自动收放线装置等）对各试验设备所需线路进行调配、协调与控制。工位自身的PLC（通信协议为Modbus）将通过RS485通信网络控制模块对开关的动作进行控制以及完成线路收放、切换等操作。

五、智能检测信息安全

柔性测试系统的试验平台具备了信息管理安全性、高效率、设计正确性、安全保密性高等优点。而电力设备智能测试系统的整个测试过程，都由中央管理系统控制，采用了软、硬的紧密结合，使得各个环节，均按照预先确定的测试既定过程完成，工作人员只需参与连线、撤线，并根据系统流程完成测试工作即可。这样既减少了人员干扰，又能通过中央控制系统自动进行控制，从而提高了整个测试过程的稳定性。同时，试验流程管理系统还拥有意外因素自动中断、语音告警的功能，当试验过程中如果被意外因素中断，控制系统就会自动切断，同时通过故障指示灯的闪烁发出报警，以确保试验人员和仪器等设备的安全。

（一）被检设备的安全移动

被检测装置通过专用定位夹具，安全定位在移动平台上。被检测装置移动，由智能的移动平台自行实现，没有人为操控，移动平台上有多个安全防护。

（二）工作人员的安全

通过人员分隔试验区、设备运输道路、工作人员专用道路来分隔人和机械设备，以保证在试验过程中工作人员的安全性。测试流程通常由测控软件人员按流程进行。但测试开始时间等关键步骤，需工作人员确定后方能启动，在工作过程上确保了测试人员的工作安全性。每个岗位均设有警灯、警铃，其中警灯通过闪烁或颜色变化，指示正在测试岗位的各种工作状况，而警铃则在试验故障或岗位需人工接线时才会响。

在各个工位和吊装区域内都配备有高清晰摄像头，在监控室工作的人员，能够即时监视试验和吊装的整个过程，以保证所有工作的安全进行。测试流程中，系统在需要人干扰的节点，都会有适当的语音提醒，以方便作业人及时处理。另外控制系统出现故障时，也会适时产生语言和信号提醒。语言提示采用扬声器，语言提醒可清晰遍及整个检测大厅，使得人员可以清晰看到，控制系统语言提醒和来自中控室的信息。

设备防护主要针对监测装置中大功率、超高电流、大电压装置使用过程中的安全性进行有效防护。控制系统包括了输入级防护、输出级防护、测试级别防护和测试品级防护等，以确保在测试过程中试验设备发生故障时，能够及时报警和快速进行保护动作，保护动作后，控制系统还会进行相应的状态显示，从而判断故障原因。

六、智能检测系统应用效果

电力设备产品智能自动检测管理系统，也就是一种企业能够根据不同物资产品种类和智能检测技术需求，自动开发提供智能检测解决方案的产品智能自动检测管理系统。产品自动智能抽查，自动检测智能管理服务系统，主要采用自动管理流水线智能检测管理模式，将各种大型民用电气设备产品，试验智能检测管理项目，有机地自动进行整合，并投放到同一个智能检测管理流水线上，可自动快速、准确完成各类产品智能自动测试项目的生产过程自动控制、测量，以及产品的智能自动测试。通过数据分析与自动跟踪智能管理，最终自动快速生成产品智能自动检测管理结果分析报告，彻底改变了单一电力物资企业种类的产品，用于各种传统大型民用电气设备产品试验的智能检测管理模式。随着我国电力物资企业产品自动抽检智能检测管理工作的深入开展，物资企业产品智能抽检和检测质量的不断稳步提升，发现了大量不合格的电力物资企业产品，强烈的反响深刻震慑了大批物资产品供应商，保证了电力设备产品生产线的质量，同时节约了信息技术设备使用上的成本。

第二节　机电设备电气控制故障的智能检测方法研究

随着科学技术的快速发展，机电产品的功能日益丰富和完善。机电设备也往往是机光电算等多种技术的结合体，是机械、电气、控制、传感器等多领域技术交叉的产物。机电设备内部的结构也更复杂，不同单元承担不同的角色，各单元之间又交叉纵横，从而形成复杂的内部关系。机电产品功能丰富导致的高复杂性，给其出现故障后的有效检测制造了更多困难。其中，作为机电设备功能实现的关键支撑，电气控制单元一旦出现故障，将变得难以检测。导致电气控制故障的原因众多，一旦出现故障，很难运用人工方法进行快速检出。受机电设备高复杂度的影响，常见的人工检测方法的故障检测、排查速度较慢，从而影响机电设备的复工进度，进而影响机电设备的使用效率。为此，在充分分析机电设备电气控制故障可能原因的基础上，还应运用智能化的故障检测方法，以期有效地解决实际问题。

一、机电设备电气控制故障的分类

目前，各种功能性的机电设备，尤其是大型机电设备，都由非常复杂的内部结构和系统构成。机械、电气、控制和传感等各种功能单元交错组合在一起，一旦出现故障，故障原因的排查非常困难。

机电设备常见故障可以分为两个大类：一类是机械故障，纯粹由机械零件、机构等引起；另一类是电气故障，包括电气、控制和传感三个方面的故障。为了便于梳理机电设备中的电气故障，进一步将其细化分割为三个类别：第一类是电线路故障，第二类是控制故障，第三类是老化故障。在电线路故障中，又可分为电线路的断路故障、电线路的短路故障和电线路的错接故障；在控制故障中，又可分为系统控制器故障、系统关键元件故障和各类传感器故障；在老化故障中，又可分为线路漆皮老化故障、线路内芯老化故障和元器件老化故障；等等。对应到具体某个故障，其属于何种类别可以视情况而定。例如，如果电控系统的CPU或者RAM出现故障，则分别属于系统控制器故障和关键元件故障；如果指示灯、行程开关等出现故障，则属于传感器故障；如果因漆皮老化导致线路短接，则属于线路漆皮老化故障；如果因内芯老化出现断路，则属于线路内芯老化故障。

通过建立这样的分类可以为后续的智能算法学习、识别和分类创造有利条件。

二、电气控制故障的智能检测方法

（一）方法的框架设计

机电设备电气故障的传统检测方法一般是定期巡检或者出现故障后的应急检查，这两种检测方法都需要通过人工现场完成检测。在机电设备复杂度高、内部结构庞大的情况下，依靠人工检测会降低检测效率，进而延缓机电设备的复工和正常使用。为了有效解决人工检测排除电气故障方法存在的低效率、误差大的问题，采用基于深度学习的智能检测方法。

目前，深度学习技术获得了迅速发展，由最初的CNN深度网络和RNN深度网络逐步发展到自组织、自学习的全新深度学习时代。用户可以根据不同问题建立不同的深度学习网络框架，从而解决相应的问题。

关于机电设备电气控制故障检测问题，机电产品多年来的大范围使用，使其各种故障的特征、形成原因都有了丰富的数据积累，为深度学习网络提供了充沛的、可以利用的输入数据。深度学习网络可以根据这些数据进行训练和学习，从而建立不同电气故障到不同形成原因的内部关系网络。当通过大量数据训练，获得稳定的深度网络结构后，再将新产生的故障纳入深度网络，即可迅速检测其产生的原因，从而形成快速故障检测，为机电设备电气故障的解决提供思路，并为实时解决创造条件。

基于上述分析，建立基于RNN深度学习网络的机电设备电气故障智能检测方法框架,将机电设备电气故障的各种常见类型作为输入数据,纳入整个智能方法中进行学习,深度学习包括BERT处理环节,可以对输入的故障类型进行进一步的分化和整理,继而纳入RNN深度网络的输入层和隐含层进行学习。需要指出的是,在RNN深度网络的中间层之后,嵌入了多头注意力机制(Multi-head Attention),主要是增强最终电气故障类型判据的确认,从而增加电气故障智能检测的可信度。

(二)RNN深度网络的智能实现流程

进行机电设备电气故障智能检测的关键在于RNN深度网络,为了进行机电设备电气故障的智能诊断,RNN深度网络也形成了复杂的结构。当然RNN深度网络结构复杂程度的高低还与具体的分析对象有关,进一步描述了机电设备电气故障检测的RNN深度网络结构的数学形态。

(三)引入Multi-head Attention

在构建的机电设备电气故障类型诊断中,机电设备电气故障的特征向量从RNN网络的隐含层输出后,先经过多头注意力机制单元,再送入输出层,形成最后的故障类型诊断。Multi-head Attention单元作用就是对经过的每个机电设备电气故障向量进行多头特征判据的转化。

三、电气控制故障的智能检测试验

上述工作对机电设备常见的电气故障类型进行了分类,并提出了基于深度学习的电气故障智能检测方法,构建了该方法的具体实现流程和核心处理模型。在接下来的工作中,将利用试验对该方法能够达到的机电设备电气故障的智能诊断效果进行验证。

在试验过程中,根据设定三类机电设备电气故障数据集,第一类是电线路故障数据集,第二类是控制故障数据集,第三类是老化故障数据集。为了形成和该文故障检测方法的对比,分别选择了基于CNN深度学习的故障类型检测方法(即CNN方法)、基于RNN深度学习的故障类型检测方法(即RNN方法)以及基于RNN-Attention深度学习的故障类型检测方法(即RNN-Attention方法)。试验中选择机电设备电气故障分类准确率和F1-Score这两项指标。针对电线路故障数据集、控制故障数据集和老化故障数据集，分别采用CNN方法、RNN方法、RNN-Attention方法执行机电设备电气故障分类智能检测。

第三节　基于物联网技术的智能电气设备在线监测与故障诊断

随着我国社会经济的不断发展，各种先进技术的水平也处于不断上升的趋势。物联网技术作为5G时代较为重要的先进技术之一，其在各行各业中也逐渐有着极其重要的应用。基于物联网技术的智能电气设备在线监测与故障诊断系统便是针对电气设备管理和应用而开发出来的一种监测系统，其能够实时监测到电气设备的运行状态，并根据运行状态来判断其是否存在故障问题，既能够保证电气设备的高效运行，又能够降低电气设备故障造成的影响。

一、物联网技术概述

物联网技术（Internet of Things，IoT）起源于传媒领域，是信息科技产业的第三次革命。物联网是通过信息交换，按约定的协议，将任何物体与网络相连接，物体通过信息传播媒介进行信息交换和通信，以实现智能化识别、定位、跟踪、监管等功能。

物联网技术指的是通过各种信息传感器、射频识别技术、全球定位技术，以及激光扫描器等各种先进技术装置对目标物体行动过程进行相关信息数据采集的一种技术。物联网是一个基于互联网、传统电信网等的信息承载体，它让所有能够被独立寻址的普通物理对象形成互联互通的网络，随着物联网"万物可连"时代的到来，可在物体与物体、物体与人之间进行连接，实现对物品和过程的智能化感知、识别和管理。物联网技术在电气设备管理中同样也有着较为重要的应用，通过物联网能够对电气设备的运行状态进行实时监测，既能够保证电气设备的运行质量，又能够降低电气设备出现故障的可能性，对于电力相关行业的发展有着极其重要的推动作用。

二、基于物联网技术的智能电气设备在线监测与故障诊断系统架构

（一）传感技术

传感技术是电气设备在线监测技术中的核心技术，传感技术的精准度和监测结果的准确性直接受到传感设备精确度的影响。对于在线监测技术来说，得出精准的数据非常关键，所以相应的传感技术必须在精确性上得到进一步发展，实际上，传感技术在这个过程中经历了多次更新和变革。通过对传感技术进行更新和优化，使其获取的数据准确性更高，数据是在线监测技术功能性得以发挥的重要标准，通过观察相关设备的运行数据，即可判断该设备是否存在异常情况。科技的发展日新月异，相关人员应加强对传感技术的研究，提高其数据分析能力，进一步提高检测过程中获取数据的准确性，深化检测技术的灵敏程度。目前阶段，若想实现传感技术的高灵敏度，需要投入更大的资产成本，并且具有高灵敏度的传感器造价也比较高。因此，应对现有技术进行积极的创新，减少高灵敏度传感器的造价成本，才能在最大化提高经济效益的基础上，实现传感技术灵敏度的提高，确保传感器能在运行中对数据更好地收集与分析，为电气设备的稳定运行提供保障。

（二）数据采集模块

数据采集模块是基于物联网技术的智能电气设备在线监测与故障诊断系统的基础模块之一，也是系统监测作用发挥的根本所在。数据采集模块主要是通过电光互感器、电子互感器、智能传感器等传感器来对电气设备运行过程中产生的电压、电流等相关状态参数数据进行全面收集，而后再将这些数据传输到中心控制平台进行数据分析处理，通过数据处理结果来判定现阶段电气设备的运行状态是否正常。数据采集模块能够直接关乎电气设备运行状态的判断结果，如果数据采集模块存在问题的话，那么所采集到的电气设备运行数据信息与实际信息之间将会出现一定的差别，在进行数据信息分析的时候也无法保证分析结果的可靠性，最终可能会因为数据采集不够精准而导致判断错误的发生，从而对变压机的正常运行造成影响。因此需要定期做好数据采集模块的检测工作，这样才能够更好地保证数据采集结果的精准性和可靠性，从而为电气设备运行监测工作的顺利开展奠定坚实、良好的基础。

（三）中心控制平台

中心控制平台是基于物联网技术的智能电气设备在线监测与故障诊断系统的关键所在，工作人员不仅能够通过中心控制平台及时掌握电气设备的实际运行状态，而且还能够利用中心控制平台来对电气设备的运行参数进行远程调试，以此来保障电气设备处于最佳运行状态。同时中心控制平台还能够起到分析电气设备运行状态参数数据的作用，当基于物联网技术的智能电气设备在线监测与故障诊断系统内的数据采集模块将电气设备运行状态参数数据全部采集完毕并传输到中心控制平台之后，中心控制平台便能够自动将所有数据进行分析，并比对电气设备以外正常运行的状态参数数据，从而给出最终的数据分析、比对结果，如果数据分析、比对结果存在异常的话，则意味着电气设备存在运行故障隐患，维修人员便需要立即停止电气设备运行，并对其进行及时检测维修，以此来避免电气设备故障造成其他更为严重的影响。

（四）云服务平台

智能电气设备在线监测与故障诊断系统与云服务平台之间也有着较为紧密的联系，云服务平台主要是通过虚拟化技术来实现的，通过虚拟化技术来为云计算服务提供基础架构层面的支撑。中心控制平台所接收到的电气设备运行参数数据会全部存储到云服务平台中，通过云端服务器来记录电气设备的运行历史，这样所有数据便能够得到有效的保存，当电气设备出现运行故障或者其他问题的时候，工作人员便能够通过查询电气设备的历史运行数据，并根据电气设备历史运行数据的变动情况来判断其故障的具体情况，同时也能够将电气设备历史运行数据作为证据来对相关负责人员进行惩处，以此来提高电气设备运行管理力度，督促工作人员能够在电气设备后期运行过程中更加认真负责地进行监测管理。

（五）设备管理模块

整个电力系统中所涉及的电气设备数量是非常多的，管理起来十分困难，利用智能电气设备在线监测与故障诊断系统中的设备管理模块便能够快速地确定电气设备的分布位置，而且电气设备各个方面的应用情况也能够记录到电气设备管理档案中，从电气设备安装到电气设备报销期间所有工作的开展均能够通过设备管理模块对其进行严格的把控。电气设备内部的组成零件也是较为复杂的，零件的维修更换等也均需要通过设备管理模块来进行实现，同时在电气设备应用阶段还需要定期进行电气设备维护保养、检修工作，设备管理模块则能够对电气设备的维护保养计划进行具体的制定，并对每次电气设备维护保养过程中出现的问题和具体解决方法进行记录，以此来辅助电气设备管理相关工作更加顺利地开展，从而进一步提高电气设备运行的稳定性和安全性。

（六）远程监控模块

远程监控模块则主要指的是对电气设备进行监控监测的模块，通过数据采集模块能够及时收集到电气设备运行的状态参数等信息数据，而远程监控模块则能够对电气设备的运行环境进行监控，电气设备所处的运行环境对于其运行效果也有着较大的影响，通过远程监控模块一方面能够确保电气设备处于安全运行环境中，另一方面则能够对电气设备与其他电气设备之间的连接进行监控。远程监控模块主要由摄像头等前端监控电气设备和远程监控子系统组成，其所监控到的画面能够直观地展现到监控中心大屏上，而且监控中心大屏上还会将所监测到的电气设备的运行参数数据也展现出来；工作人员通过观看监控中心大屏便能够及时对电气设备的实际运行状态进行掌握，同时在进行电气设备故障维修的时候，维修人员也能够根据监控录像和电气设备运行参数来分析故障问题所在，从而推动电气设备故障维修工作更加顺利地展开。

（七）外端连接模块

外端连接模块相当于是基于物联网技术的智能电气设备在线监测与故障诊断系统中的应用层，其他模块的相互配合主要是实现对电气设备的运行状态参数进行监测，而外端连接模块则能够将电气设备监测数据传输到其他的外界电气设备中。其中最为常用的外端连接电气设备是手机APP、Web网络应用和客户端等，基于物联网技术的智能电气设备在线监测与故障诊断系统具有自己的网站界面，用户通过正确的账号、密码便能够实现系统界面的登录，而后便能够根据自身的权限来对电气设备的运行监测数据进行查询。外端连接模块使得查询电气设备运行监测数据的方式增多，这将进一步提升电气设备运行监测的效率，工作人员如若在进行其他工作无法处于监控中心大屏附近的时候，便能够通过手机APP或者登录系统界面等方式来随时随地地对电气设备的运行监测数据进行查看。

三、基于物联网技术的智能电气设备在线监测与故障诊断系统应用的重要性

（一）及时排查出电气设备存在的故障隐患问题

电气设备作为电力系统正常运行的重要设备，如果出现故障问题的话，那么便可能会造成整个电力系统的运行故障，从而使得电力系统无法为用户提供其所需求的电力能源，最终造成该地区整体经济的损伤。因此基于物联网技术的智能电气设备在线监测与故障诊断系统在电力行业中的应用便显得极其重要，通过智能电气设备在线监测与故障诊断系统能够对电气设备的运行数据进行实时监测收集，并通过分析电气设备运行数据的变化情况来判断其是否存在安全故障隐患问题；如果电气设备存在运行故障隐患问题，基于物联网技术的智能电气设备在线监测与故障诊断系统就能够将其运行情况全部反馈给中心控制平台，工作人员根据提示信息及时了解到电气设备的故障隐患位置和故障原因，并针对具体情况对其进行维修处理，避免电气设备在运行过程中出现更加严重的故障，对整个电力系统的正常运行造成影响。

（二）延长电气设备的使用寿命

基于物联网技术的智能电气设备在线监测与故障诊断系统的应用对于电力行业的发展有着极其重要的影响作用。电力行业内的电气设备数量、类型较多，管理起来较为困难，任何电气设备问题都可能会对整个电网造成严重的影响，而通过智能电气设备在线监测与故障诊断系统则能够对电气设备的运行情况进行及时的监测管理。从电气设备正常运行开始，管理人员便能够根据监测系统对其运行信息数据进行全面的监测，实时根据电气设备产生的运行数据对其使用寿命进行分析判断；当电气设备存在故障隐患问题时，该系统能够提前进行预警，维修人员根据系统预警信息对电气设备故障隐患问题进行排除，以此降低电气设备运行过程中出现故障的可能性，从而有利于进一步延长电气设备的使用寿命。同时当电气设备内部的零部件使用寿命达到上限时，工作人员根据物联网反馈情况及时进行更换，以此来达到确保电气设备运行安全的目的，进一步提高电力系统的整

体运行安全性。

　　基于物联网技术的智能电气设备在线监测与故障诊断系统能够起到的应用效果是极其重要的，通过基于物联网技术的智能电气设备在线监测与故障诊断系统对电气设备运行过程中所生成的信息数据进行实时监测、收集，能够有效地根据电气设备的运行数据变化情况来判断出其运行状态，如电气设备存在故障隐患等，其运行数据将会出现较大的变动，这时工作人员便根据系统提供的信息对电气设备的故障隐患问题进行排除，来达到提前预防电气设备运行故障的目的，并以此来通过物联网技术推动电力行业快速的发展。

第四节　人工智能技术在设备故障检测中的应用

　　人工智能技术是利用当今的科技模拟人的思维，在一定程度上可以超越人的智慧。在实际应用过程中，该技术是一门综合性学科技术，不仅涉及电子信息学科的知识，还涉及语言学、心理学等多层次的知识。在计算机科学领域，计算机信息技术被认为是一门综合了软件集成、硬件集成、数据管理、因特网等知识的学科，同时计算机信息技术也涉及许多领域，已成为我国乃至世界经济发展的重要支撑。

一、现阶段我国设备故障检测方法及设备故障类型

（一）故障类型

　　现代化、工业化社会发展趋势下，我国电子信息设备使用有了爆发式增长，满足社会企业生产、运作多元需求的同时，为社会企业发展提供了有力支撑。为规避因设备故障导致无法运行工作等问题，制定了一系列检测方法，定期、不定期针对设备进行诊断与检测。通过对我国机械设备故障及常见问题统计、归纳分析可得出，现阶段较为常见的机械故障设备主要以信号处理为主。旋转机常用的信号处理图形和信号处理功能，除信号故障外，还会产生旋转机械的

不平衡、轴承不正确和滑动、滚动轴承故障等故障，除部分转子密封故障外，还会产生旋转机械故障，如转子故障、浮环密封故障、叶片式液压机振动等。针对旋转机械存在的问题，需定期进行计算和检查。此外，齿轮故障也是常见的问题。齿轮的振动检测和噪声分析是设备故障中的常见问题。

（二）设备故障检测的常规方法

传统设备故障检测及处理中因无法对故障类型、故障位置、故障因素明晰确定，因此需耗费大量人力、物力、财力对设备进行类型诊断，如振动与噪声故障通常会采取振动法对振动特征进行分析，依托模态分析、参数识别，对冲击能量、冲击脉冲进行测定；又如通过声学法等综合方式对设备故障进行检测，同时需对机械生产设备的位移、加速及噪声进行测量与记录，消耗大量人力、物力、财力的同时，无法保障设备处理有效。超声波探伤技术经常被用于材料缺陷和裂纹的检测，该方法成本低，已广泛应用于平面缺陷检测，但检测数据会产生误差。当超声探伤检测设备磨损、腐蚀等故障时，主要采用光纤内窥镜和油液分析法，以检测设备的物理、化学性能、表面磨损和腐蚀为主。在检测过程中，由于温度、压力、流量等因素的影响和外部条件的不可控，在特殊情况下，采用红外测温仪测温，用辐射法对设备故障进行诊断。这种诊断方法需要大量的人力资源来完成数据的准确检测和记录。

二、人工智能在设备故障检测中的应用价值分析

人工智能是现代化难以量化的领域。在各系统得到有效控制的情况下，为保证系统的有效运行，可采取多种技术使系统适应环境。自适应是人工智能的核心思想，使产品在使用过程中适应环境，以保证成本最低、效率最大化。计算机人工智能是研究机器智能的一种新技术。该系统可模拟人的智能，实现人脑自动控制。伴随着计算机应用技术的发展，大脑价值的挖掘成为计算机应用的一个重要领域。

20世纪的三大前沿技术是原子能技术、人工智能和空间技术。我国对人工智能的研究已经有四十多年的历史，已经形成了一套比较科学、完善的知识体系。其中，知识工程与专家系统、模式识别、知识库、机器人、专家系统、机器人等智能管理密切相关，最终得出软件的输出结构。经过研究、实践、下载、调试、

安装等环节，可有效提高规划人员的应用效率。最后，智能规划是解决软件工程问题的最有效途径，它是解决问题的一个重要途径。将其应用于国内智能规划软件工程，可以起到极大的促进作用，可以有效地解决抽象层次的问题，具有很强的优越性。现代化社会发展趋势下，信息化技术为我国市场经济发展及社会文明建设提供有效力量，传统的设备故障检测方式依然无法满足现代化、工业化企业的高质量需求，因此基于现代化设备故障检测中如何提高故障检测效率成为亟待解决的重要课题。机械设计和制造与电子工程领域设备以精确数据为核心，且设备设计十分精密，设备各环节衔接需经过反复计算。人工智能是我国社会发展的高效产物，基于人工智能对设备故障检测，在完善传统单一不足等问题的同时，还应全面提高检测效率，具体如下：

（1）精确度。传统设备故障检测以人力为核心，在检测过程中势必会因多元因素影响导致检测准确度不高，基于人工智能准确度对设备进行检测，提高检测效率的基础上在精确度上具有质的飞跃。

（2）优化资源配置。基于人工智能对设备故障的智能检测有效地优化资源配置。将大量复杂的计算通过系统程序输入人工智能，数据系统实现智能化、数字化记录。不仅数据输入方便，而且对数据的检索和输出检索也十分有效，这为以后的数据统计分析提供了方便，数据结构可以直观地用图表形式表示。

（3）促进企业经济效益最大化。利用人工智能的方法，对设备进行故障诊断，需要耗费大量的人力、物力、财力资源，并可能在设备安全性能检测中出现错误，从而达到不损害人体健康的目的。因此，将人工智能应用于设备故障检测的趋势越来越明显。

三、人工智能在设备故障检测中的具体应用

（一）专家系统应用

专家控制的技术途径就是将专家提出的理论与相应的控制技术相结合，将理论与实践相结合，模仿专家操作方法进行机械设备故障检测，以保障机械设备的运行。在自动控制系统中应用较多的是专家式控制技术，实现方法分为两种：一种是在原有的基础上保留专家控制系统的组成特征，其缺点是知识库内知识容量小，导致推理逻辑简单；二是在控制算法的基础上，利用专家控制技术，在控制

算法的基础上，运用专家控制技术，提高系统的判断能力。

（二）神经系统控制

通俗地说，神经控制技术是建立神经型网络工具后的方法，在确保叙述目标精确的基础上，进而监控人工系统的运行。该技术是一种由多种人工神经组成的技术，把生物学和科技有机地结合在一起，其优点在于具有极强的自我调节能力，并能将人工智能控制系统的开发推向新的高度。随着用户对智能控制系统要求的不断提高，要求系统能适应现场，使得传统的人工控制系统难以满足要求。神经控制系统能够有效地解决这一问题，因此受到广泛的关注。在此基础上，建立人工神经网络的理论，并建立数学模型。神经网络是一种具有信息处理、记忆和存储功能的神经网络，多个神经元可以连接、吸收和掌握信息，维持大脑神经系统的平衡。在信息处理、自动化工程、医学经济等领域，利用神经网络的基本特性和功能，建立神经网络模型。用人工智能技术检测设备故障时，还可采用人工神经理论进行分析。在数字化的基础上，多个神经元与故障进行交互，调节设备自适应能力，及时诊断故障，并及时将故障传递给用户，对问题进行有效分析。根据各部件的耐磨性和耐久性分析，计算出机械设备的寿命，便于进行故障前预测和故障前预测。

（三）模糊控制技术

在整个系统中，模糊控制主要采用模糊控制的方法，用模糊语言、思维来掌握设备的运行状态，从而达到控制效果。在机械设备故障检测中，这种技术是最常用的技术。模糊控制技术的关键是反映人的逻辑思维和经验，而以上的思维和经验都是用语言来表达的。前期使用的是控制系统，由于技术员对系统了解不够，导致自动控制效果不佳，但经过技术人员的思考探索，模糊控制技术升级。相对于传统的自控技术，模糊控制技术的优点在于能避免烦琐的数学模型，加速具体控制问题的求解，总结经验知识，提炼控制规律，实现对复杂系统的控制。

四、人工智能在机械设备故障检测中的意义

企业在生产的过程中会应用自动化和智能化性能更高的设备，这些设备大多结构比较精密，设备之间彼此互为关联，状况不佳乃至无法正常运行时，就会影

响到生产效率的提升，还会给企业造成很大的损失。如果及时对设备的故障进行检测，就可以及时分析故障产生的原因，并采取相应的解决对策，延长设备的使用寿命。传统的机械设备故障检测手段存在的问题是不能对复杂故障进行检测，而且检测的方式比较简单，在应用的过程中会存在很大的局限性，一旦设备的故障比较多元化，或者有突发性特征，就不容易对其进行准确及时的检测。随着机械设备性能的日益完善，设备的内部结构精度越来越高，体积越发小巧，这就必须保证设备故障检测技术与时俱进。

在应用检测技术时，需要保证这一技术具有智能化特征，可以在第一时间内发现故障，同时还要保证技术符合设备日益复杂的发展趋势。以计算机和数字技术为支持的故障监测技术已经广泛地应用到各个行业之中，比较有代表性的就是人工智能技术。人工智能技术可以保证机械设备的故障得到自动化检测，这样就可以大大缩短检测的时间，降低维修成本，可以保证设备正常运行，对各类问题起到有效的防范效果。由于人工智能技术在开展设备检测时的方法比较多元化，即使设备结构日益复杂，人工智能技术也可以充分适应，并确保故障得到及时有效的检测。

五、机械设备故障与常规检测方法

（一）常见故障

在设备中会存在各种各样的故障，这就需要定期对设备进行严格检测，及时对故障进行处理。设备在处理信号时可能会存在故障，这就需要了解信号的处理知识和相关常识；一些振动信号通常会在旋转机械设备中出现，需要维修人员熟练掌握；同时，维修人员还要正确处理和分析图形，并通过精确计算对信号的时频进行分析。在设备的旋转机器中也会存在故障，比如滑动轴承和滚动轴承故障，转子出现不平衡的情况等。为了解决这些故障，就要进行精确的计算，并及时对故障进行排查。在机械设备中齿轮故障也比较常见，这就需要及时检查齿轮的振动情况，对其噪声进行分析。

（二）常规检测方法

在开展设备故障检测时，通常需要由专业的工作人员负责，同时还要借助相应的仪器设备。涉及振动和噪声故障时，一般可采用振动法对设备中的模态和参数进行识别，同时还要测定冲击能量与冲击脉冲。除此之外，还可以采用声学法对设备的故障进行检测，了解设备的噪声情况，并对与噪声相关的数值进行及时记录。检查材料中存在的裂纹等缺陷时，可采用超声波探伤法，虽然这种方式耗费的成本比较低，通常用于检测平面质量缺陷，应用范围比较局限，而且探测的数据可能不够准确。在检测材料中产生的裂纹时，也可以采用射线探伤法，不过这种方式会耗费较多的资金，而且还会对人体产生辐射。超声探伤法可以对设备零部件中存在的磨损和腐蚀情况进行检测，这样就可以了解设备表面的磨损程度，以及腐蚀的类型。此外，还可以采用红外测温仪对温度进行测量，利用热辐射对故障进行诊断。在应用这些检测技术的过程中，需要大量的人力和物力参与其中。

六、人工智能在设备故障检测中的应用范围

由于现代机械设备的故障比较多元化，而且机械设备的结构比较精密，各环节之间彼此互为连接，如果采用传统的检测方式，就可能会由于人工操作中的失误而无法保证各项数据得到准确的记录。采用人工智能技术可以保证设备的故障得到准确检测，还可以对各项资源进行优化配置，只需利用系统程序即可进行复杂的计算，确保数据能够及时得到记录，这样不仅可以提高数据的准确性，还可以方便进行数据查找。工作人员在对数据进行统计时，只需查阅图表即可，而且数据将会更加直观。传统的故障诊断方式不仅会耗费资源，还会影响到检测结果的准确性。因此，应用人工智能技术开展机械设备故障检测很有必要。

（一）机械设计与制造

人工智能技术可用在机械设计和制造之中。不管是设计还是制造零部件，均需要有内容完善的图纸作为依据。此外，要了解机械零部件的结构组成，保证部件之间可以互相配合。要精确计算零部件的尺寸，确定其各项技术参数。采用人工智能技术可以准确测量零部件的各个尺寸，减少误差。比如，使用CAM智能化系统可以直接利用网络技术展示零部件的结构，还可以确保复杂的设计转变成相应的程序。此外，人工智能技术还可以与数控技术相结合，这样就可以保证设备的故障得到更加精准的检测。

（二）机械电子工程设备故障检测

机械电子工程设备一旦有故障，就可以利用人工智能技术展示出工程的内部结构，这样就可以对内部结构进行分析，从而及时找出故障。人工智能技术中的模糊神经网络能够及时对设备进行判断，无须过多依赖某一模型，只需进行精确监测，就可以帮助人们迅速找到故障，确保设备正常运行。在设备运行的过程中会存在突发故障，采用人工智能技术就可以及时进行预警，并保证故障得到及时修复。人工智能技术可以提供相应的故障预防方案和应急对策，最大程度减少损失，提高设备运行的安全性和可靠性。

第五节　人工智能技术在特种设备检验检测中的应用分析

新一轮科学技术革命和产业变革带动我国各个行业发展，特种设备行业也已走向了智能化、数字化、网络化为主要特征的新阶段，这就对特种设备的检验检测提出了更高要求，检验检测的效率、可靠性、技术水平都需要不断提高，特种设备检验检测必将从传统的方式向互联网、大数据、人工智能发展。

一、人工智能在特种设备检验检测信息化的应用

信息化是在现代通信技术、大数据技术、物联网技术和网络技术以及数据库技术基础上对所研究对象包含的各个要素进行汇总至数据库，进而对某一特定行为提供相应的技术支撑的技术。在大数据时代背景之下，要把特种设备信息管理向智能化转变，推进"智慧特检""智慧监管"，引入人工智能技术是必不可少的措施，通过信息管理内部的专家知识库以及求解技术，可以建立一个特种设备综合管理系统，从而达到数据信息化、业务流程化、管理自动化。对于检验机构，通过基于大数据的人工智能管理系统，充分运用互联网、云计算、5G新技术，不断地创新检验检测技术手段，检验现场的检测数据或试验数据实现由手持

终端设备采集，报检业务的受理、检验检测报告的出具等工作都将实现智能化、网络化、信息化，实现真正的无纸化节能型"智慧特检"。

对于监管部门，通过基于大数据的人工智能管理系统，可实现对特种设备的运行实际状况以及服役期间的异常情况等进行在线实时监测统计分析，并根据预先设定的条件对监察的重点领域、重点场所、重点对象和检测内容进行预警或提示，这样便可提高监督管理部门对设备进行监察的及时性和高效性，同时，监察部门可利用数据库中已有的统计数据，合理、科学地指导隐患排查、事故调查及风险防控工作，从而实现设备监察、隐患排查等监管工作信息化、精准化、智能化，实现科学、高效的"智慧监管"。

二、人工智能在特种设备检验检测自动化的应用

自动化是指机器、设备和仪器能全部或部分代替人，自动地按预定的程序完成工作任务，在这个过程中，人不用直接参与或者只需设定程序。在特种设备检验检测过程中，实现自动化，检验检测人员体力的付出可大大减少，检验检测工作环境将得到极大的改善，检验检测的效率也将得到提升，提高了检验检测人员在检验检测过程中的安全性和高效性。在特种设备检验检测自动化中，主要利用智能机器人检验检测技术，智能机器人检验检测技术是通过实现检验检测过程中传统人工检验检测转变为自动化以及半自动化的检验检测技术，其能够凭借预先编制好的程序或规则，对一些设备或部件进行材料或者工况的检测。目前，国内有很多特种设备检验检测机构和检验检测仪器研发企业都对智能检测机器人进行了研发，也取得了一些成绩，比如，管道检测机器人、焊缝自动检测机器人、起重机轨道检测机器人等。随着智能机器人检验检测技术不断地成熟，智能检验检测机器人新技术将在我国特种设备的制造企业、使用单位、检验机构和监管部门得到全面应用。

三、人工智能在特种设备检验检测智能化的应用

智能化是指设备或者行为活动在互联网、大数据、物联网和人工智能等技术的支持下，具备一定程度的自适应、自修正、自控制、自监测、自动作以及人机交互等功能，从而满足人的各种需求的属性。在特种设备检验检测中，智能化检验检测主要是通过在计算机中运用人工智能，让计算机与人类大脑思维类似，利

用机器学习和专家系统对检验检测中遇到的问题进行预测、分析、判断并进行处理。机器的思考方式不同于人类的思考方式，机器学习是指专门研究计算机采取何种方式或手段对人类进行模拟的学习行为，并通过这种行为获取新的知识，使自身已有的知识体系得到重新架设，使其自身的性能得到不断提高，它是人工智能的核心，是让机器拥有和人类一样的学习、思考模式的基本途径。专家系统又称为知识系统，是一种以知识为基础的系统，依托于人类专家的智力，去解决专家才能解决的问题。

现阶段专家知识库主要包括基础原理理论和直接或间接获取经验积累的专门知识，通过将现有的特种设备检验检测标准、法规、经验进行编码、建库，使特种设备检验检测结论或事故调查结论判断获取专家经验支持，使特种设备检验检测或事故调查判断结论时，机器自动模仿专家自身处理故障、难题时的思维方式。在特种设备安全方面，在专家系统技术和其他技术支撑下，可实现特种设备与人进行信息智能交互，对特种设备的工作环境和自身内在的安全状况进行在线实时监测，可实现及时预警，并根据预警的情况给出相应的应急处置方案。让使用单位和监管部门对所有特种设备的状态都能够做到心中有数。在检验检测方面，由于可以实现基于对设备全生命周期的大数据分析，特种设备在整个服役期间的使用管理情况和运行状况可客观详细地获得，检验机构制订出的检验方案针对性更强，检验的精准化更有保障。另外，对特种设备运行环境和自身的状态实行在线监测，相关数据实行自动统计，并通过专家系统和大数据进行识别与评价，为最终的检验检测结果提供参考和依据。

参考文献

[1]刘有为.智能高压设备[M].北京：中国电力出版社，2019.

[2]葛维香.智能变电站高压设备状态监测与物联网融合技术[M].北京：中国电力出版社，2020.

[3]荣命哲，王小华，杨爱军.电器设备状态检测[M].北京：机械工业出版社，2019.

[4]黄金魁.高压大容量柔性直流输电设备检修指南[M].福州：福建科学技术出版社，2019.

[5]周卫华，吴晓文，卢铃.电力设备声振检测与诊断技术[M].武汉：华中科技大学出版社，2022.

[6]崔昊杨.电力设备多源信息检测技术[M].上海：上海交通大学出版社，2021.

[7]国网河北省电力有限公司石家庄供电分公司.电力设备检测新技术[M].北京：中国电力出版社，2022.

[8]潘洁晨.基于遥感影像矿山环境信息提取方法研究[M].郑州：黄河水利出版社，2019.

[9]张楠.基于无线传感器网络的煤矿安全综合监控系统的应用研究[M].长春：吉林大学出版社，2019.

[10]任瑞云，卜桂玲.矿山机械与设备[M].北京：北京理工大学出版社，2019.

[11]李勇军，朱锴.矿山安全生产管理[M].徐州：中国矿业大学出版社，2019.

[12]谭立新，张宏立.工业机器人系统集成[M].北京：北京理工大学出版社，2021.

[13]王仲，罗飞，杨仓军.工业机器人应用系统集成[M].2版.北京：航空工业出版社，2021.

[14]谢光辉.工业机器人系统安装调试与维护[M].北京：机械工业出版社，2020.

[15]宋嘎，陈恒超.数控机床安装与调试[M].北京：北京理工大学出版社，2020.

[16]周照君.可编程序控制器（西门子）控制技术[M].北京：机械工业出版社，2020.

[17]张红，孙晓婷，孟小冬.可编程序控制器原理及应用[M].北京：北京邮电大学出版社，2020.

[18]林明星.电气控制及可编程序控制器[M].3版.北京：机械工业出版社，2019.

[19]曹卫华，何王勇，甘超.过程控制系统[M].武汉：中国地质大学出版社，2021.

[20]郭际明，史俊波，孔祥元等.大地测量学基础[M].3版.武汉：武汉大学出版社，2021.

[21]杨朝盛.测量系统分析（MSA）实用指南[M].北京：机械工业出版社，2020.

[22]李时鑫，赵贺春，王志鹏.化学仪器计量检测与实验室管理[M].延吉：延边大学出版社，2022.

[23]邱均平.计量与评价[M].武汉：武汉大学出版社，2020.

[24]曹元志.误差理论与测量数据处理原理及方法[M].成都：西南交通大学出版社，2020.

[25]张寅.天基大气背景红外测量数据处理与仿真技术[M].哈尔滨：哈尔滨工程大学出版社，2020.

[26]孙福英，赵元，杨玉芳.智能检测技术与应用[M].北京：北京理工大学出版社，2020.